棉花机械化生产过程
视觉导航路径图像检测方法

◎ 李景彬　曹卫彬　陈兵旗　编著

中国农业科学技术出版社

图书在版编目（CIP）数据

棉花机械化生产过程视觉导航路径图像检测方法 / 李景彬，曹卫彬，陈兵旗编著 . —北京：中国农业科学技术出版社，2016.4

ISBN 978-7-5116-2449-9

Ⅰ . ①棉…　Ⅱ . ①李…　②曹…　③陈…　Ⅲ . ①棉花 – 机械化生产 – 视觉导航路　Ⅳ . ① S562.048

中国版本图书馆 CIP 数据核字（2016）第 317445 号

责任编辑　张国锋
责任校对　贾海霞

出 版 者　中国农业科学技术出版社
　　　　　北京市中关村南大街 12 号　邮编：100081
电　　话　（010）82106636（编辑室）（010）82109702（发行部）
　　　　　（010）82109709（读者服务部）
传　　真　（010）82106631
网　　址　http://www.castp.cn
经 销 者　各地新华书店
印 刷 者　北京卡乐富印刷有限公司
开　　本　880mm×1 230mm　1/32
印　　张　4.625
字　　数　150 千字
版　　次　2016 年 4 月第 1 版　2016 年 4 月第 1 次印刷
定　　价　38.00 元

摘　要

农业机械自动导航在提高农业机械的作业质量和生产效率，提升农艺水平，改善劳动者的劳动环境和安全状况，降低劳动强度等方面具有重要意义。视觉导航具有适应复杂的田间作业环境、探测范围宽、信息丰富完整等技术优势，是农业机械自动导航领域的研究热点，如何在自然环境下快速、准确、有效地提取行走路线是视觉导航技术的研究关键。

新疆生产建设兵团棉花产业的规模化、机械化生产模式为视觉导航技术的应用提供了良好的基础条件。本书以棉花播种、田管、收获等机械化生产环节为研究对象，重点探讨了棉花不同生育阶段的视觉导航目标特征、不同机械化生产过程中视觉导航候补点的检测算法、视觉导航路径检测算法及农田边界环境的检测算法等。主要研究内容如下。

（1）构建棉花机械化生产过程视觉导航路径检测系统及图像采集方案。软件系统主要由图像采集、图像预处理、铺膜播种机视觉导航路径检测、棉花田管环节视觉导航路径检测、采棉机视觉导航路径检测模块等组成；图像采集系统的硬件选用爱国者 T60 型、三星 NV3数码相机和 Lenovo 昭阳 E46 型计算机，并进行了不同生产环节的图像采集。

（2）棉花机械化生产过程中不同作业环节的视觉导航候补点集群

的检测算法研究。针对棉花播种时期，首先利用 R 分量对棉田图像进行灰度化，并利用 Daubechies 小波（N=8）进行平滑处理，而后基于寻找垂直累计分布图的最低波谷点的方法以及前后帧相互关联的方法检测候补点集群。针对田管时期，首先利用 2G-R-B 颜色模型对图像进行灰度化，并利用中值滤波进行平滑处理，而后基于寻找棉苗行列中心线特征的方法以及前后帧相互关联的方法检测候补点集群。针对棉花收获时期，首先选用 3B-R-G 颜色模型进行图像灰度化，并利用移动平均化进行平滑处理，而后基于最低波谷点寻找波峰上升沿临界点的方法以及前后帧相互关联的方法检测候补点集群。试验结果证明，各算法能够准确提取出候补点集群，且吻合视觉导航的目标特征。

（3）基于过已知点 Hough 变换实现了棉花机械化生产过程中各环节的视觉导航路径拟合。试验结果表明，本书研究的导航直线检测算法检测准确率高，检出直线能够准确吻合各时期的视觉导航的目标特征，同时受外界的干扰较少，鲁棒性强，且算法速度快。在本书搭建的硬件系统下，对于采集的 640pixels × 480pixels 图像，棉花播种时期平均每帧图像检测导航路径的时间为 72.02ms，棉花田管时期平均每帧图像检测导航路径的时间不超过 75ms，棉花收获时期平均每帧图像检测导航路径的时间为 56.10ms，能够满足各时期农业机械田间作业实时性的要求。

（4）棉花不同生产时期棉田边界特征的提取与检测。基于局部图像处理窗口的候补点集群的坐标差值法、像素值突变法等实现了棉田田端的检测，同时开发了收获期棉田田侧边缘的检测算法，构建了棉田边界特征的检测算法，丰富完善了棉花机械化生产过程视觉导航路径检测系统。

关键词：棉花；机械化生产；导航路径；机器视觉；Hough 变换

目　录

1 绪 论

1.1 研究背景与意义

农业机械是发展现代农业的重要物质基础，农业机械化是农业现代化的重要标志，是改善农业生产条件、农民生活水平、农村生态环境的重要途径。2010 年全国农机总动力达到 9.28 亿 kW，全国农作物耕种收综合机械化水平达到 52.3%，主要粮食作物生产机械化快速推进，水稻机械种植和收获水平分别达到 20.9% 和 64.5%，玉米机收水平达到 25.8%，马铃薯、油菜、棉花、花生、茶叶等主要经济作物生产机械化取得突破性进展 [1]。在《全国农业机械化发展第十二个五年规划（2011—2015 年）》的发展目标中明确指出：农业机械化科技创新能力和技术应用水平明显提升，农机农艺融合度、机械化与信息化融合度进一步提高，增产增效型、资源节约型、环境友好型农业机械化技术广泛应用。

棉花是重要的战略物资和棉纺工业原料，棉花产业在我国国民经济中占有重要地位。棉花是新疆生产建设兵团（全书简称"兵团"）的经济支柱产业之一，棉花产值占兵团农业总产值的 60%。兵团目前有 117 个植棉团场，分布在全疆各地州，植棉团场和棉区农工经济收入的 90% 来自棉花。据统计，2010 年兵团棉花播种面积 746.97 万亩（其中精量播种面积 546.80 万亩），棉花产量 115.01 万 t [2]，以仅占全国 9% 的棉花播种面积，生产出占全国棉花总产 1/6 的棉花。兵团的棉花生产初具现代农业雏形，具有了规模化、集约化、机械化等基本特征。

兵团是全国农业机械化推广示范基地，农业机械化已进入高级发展阶段，处于全国领先水平。"十一五"末，兵团农业机械总动

1

力达到 369.33 万 kW，大中型拖拉机保有量为 3.68 万台，大中型机引农具保有量 7.09 万部，采棉机 705 台，小型拖拉机保有量 3.73 万台，小型机引农具保有量 3.35 万部。"十一五"末兵团实现机耕面积 1615 万亩，机播面积 1 670 万亩，机械覆膜面积 931 万亩（1 亩 ≈ 667m²，全书同），机械中耕面积 977 万亩，机械收割面积 1 037 万亩，机械秸秆还田面积 1 064 万亩，机械化肥深施面积 1 115 万亩，飞机作业面积 350.37 万亩，主要农作物的耕整地、播种、中耕、灌溉、植保、运输等主要生产环节已实现全部机械化，农业机械化综合水平达到 89%，其中耕作、播种、覆膜和中耕机械化程度均达到 100%，收获机械化程度达到 55%。机采棉技术推广进一步加大，机械采收棉花面积大幅增加，"十一五"末实现机械化采棉 258 万亩，机械采收比例达到 36.6%[3]。

精准农业是 21 世纪农业发展的方向。精准农业的本质就是各类信息的获取与智能处理，因此信息技术是精准农业的核心[4]。目前，国内外很多专家学者围绕农业资源调查、精准农业田间信息采集[5-6]、作物生长模拟模型及调控[7-11]、智能农业决策支持系统[12] 及智能机械精准作业[13] 等领域开展了大量的研究工作。

农业机械的自动化、信息化和智能化（简称"三化"），是农业现代化的重要标志之一[14]，自动导航技术是智能农业机械的重要组成部分，是实现农业机械三化的关键技术之一。农业机械的自动导航系统具有广阔的应用前景，不仅可以为精准农业提供研究和采集数据的载体平台[15]，也可以提高农业机械的作业质量和生产效率，提升农艺水平，改善劳动者的劳动环境和安全状况，降低劳动强度，减少农作物的生产投入成本等。

在兵团机械化大农业生产体系中，人工参与机械化生产的程度依然占有很高的比例。如在机械化生产过程中，一般农业机械都是由单人独自操作，劳动强度大，且都是单调的重复性工作，容易使人感觉到疲劳，以致误操作经常发生；同时随着机械化水平的提高，现代化农业机械具备的作业功能越来越多，驾驶员除了操纵方向盘外，还有其他动作需要操纵。因此，自动导航系统的研究十分符合兵团农业机械化发展的需要，且应用前景广阔。

　　本书以兵团棉花机械化生产过程为例，从棉花种植、中耕、植保、收获等不同的生产阶段着手，基于机器视觉技术开展棉花机械化生产视觉导航技术研究，通过对不同生长阶段的棉花及农田特点进行研究，探索农业机械在棉田作业过程中行走路径的视觉检测技术，为棉花机械化生产过程中实现自动化、智能化奠定技术基础，同时也丰富完善公路车辆视觉导航技术体系。

1.2　农业机器人导航方式

　　自动导航技术是计算机技术、电子通信、控制技术等多种学科的综合，在现代农业生产中的应用越来越广，逐渐成为农业工程技术的重要组成部分。自动导航技术早期的方式主要有地下电缆有线引导[16]、航位导航、激光导航[17]等，其中电缆导航在大田农业生产中应用成本较大，航位导航不能满足高速度工作的要求，激光导航受到夜间和雾气等自然环境条件的限制。目前，农业工程中应用最为广泛的自动导航技术主要有 GPS、机器视觉以及多传感器融合技术等[18]。

1.2.1　GPS（Global Positioning System）全球定位系统

　　GPS 即全球定位系统，是由美国建立的一个卫星导航定位系统。目前，它在航空、航天、军事、交通、运输、资源勘探、通信、气象等几乎所有的领域中，都被作为一项非常重要的技术手段和方法，用来进行导航、定时、定位、地球物理参数测定和大气物理参数测定等。利用该系统，不仅可以在全球范围内实现全天候、连续、实时的三维导航定位和测速，还能够进行高精度的时间传递和高精度的精密定位。

　　目前 GPS 在精确灌溉、施肥和农业智能机器人以及农用车辆的自动导航定位等方面用途广泛[19-20]，主要可分为 DGPS（差分 GPS 定位技术）和 RTK-GPS（实时动态 GPS 定位技术），其中 DGPS 的能达到亚米级的精度而 RTK-GPS 可达到厘米级的精度。GPS 导航方式具有广阔的应用前景，但其也存在一些技术缺陷，如 GPS 导航需要预先的精确导航路线，这在农作物行间进行精确作业时，该导航方式会变得不够灵活，同时 GPS 信息受卫星的几何分布、星历误差、时钟误差、船舶误差、多路径误差以及接收机噪声等因素的影响，且其可靠性也受山坡、树木以及建筑物等因素的影响。

1.2.2　视觉导航

农田环境的视觉导航一般是指利用视觉系统识别出农作物行或垄等区域的边界作为行走路径，根据农业机器人与行走路径的相对位置计算出控制量，通过转向执行机构调节其位置进而跟踪期望路径的一系列过程[21]。视觉的适应能力强、比较灵活、不需要预定的导航路线图，非常适合行间作业的农业机器人的导航，同时视觉传感器探测的范围宽，信号丰富完整，在提供导航信息的同时，还可以获取田间农作物、杂草等信息[22-23]，有利于精确作业的实现。

1.2.3　多传感器融合技术

多传感器融合技术是指利用多个传感器共同工作，得到描述同一环境特征的冗余或互补信息，再运用一定的算法进行分析、综合和平衡，最后取得环境特征较为准确可靠的描述信息。多传感器融合的实质是多源不确定性信息的处理，在处理过程中信息的表示形式不断发生变化，从较低级的形式（如图像像素、超声波传感器探测数据等）直至系统需要的某种高级形式（如车辆位姿、农作物位置等）。按照信息的流通形式和综合处理模式，多传感器融合系统可分为集中式、多级式和分布式 3 种融合结构[24]，其融合方法常用主要有卡尔曼滤波、模糊逻辑推理和人工神经网络等方法。

目前视觉导航系统由于具有广泛的适用性、功能多样性以及高性价比的特点，目前已经成为导航系统的关键组成部分，被广泛地应用在农业机器人自动导航系统的研究中[25]。本研究基于机器视觉技术着重研究新疆兵团棉花机械化生产过程中的视觉导航路径检测系统，为棉花铺膜播种、中耕、植保及收获等机械化生产过程中实现自动导航奠定技术基础。

1.3　国外农业机器人视觉导航技术研究现状

　　发达国家对农业机器人的视觉导航技术研究起步较早，20 世纪 80 年代早期，随着相对价格低廉、性能可靠的 CCD 图像传感器的出现，基于机器视觉技术对农业机器人自动导航系统的研究便应运而生，当时主要运用在具有垄或行等结构的农田中。20 世纪 90 年代以来，随着计算机、微电子等相关技术的不断进步，一些复杂的图像处理和分析算法能够顺利实现，视觉导航技术在农业工程中的应用研究迅猛发展。

　　美国的 UIUC 的农业机器人研究团队长期农业机器人视觉导航技术的研究，并取得了丰富研究成果。Searcy（1986）提出基于 Hough 变换提取农作物行的参数[26]。Reid（1987）指出近红外相机成像有利于把作物区从背景中分割出来，并提出动态阈值的方法分割图像[27]。Reid 等（2000）利用带有近红外镜头的摄像机，采用聚类算法进行图像分割，最后运用 Hough 变换获取导航路径[28]。Benson（2001）基于多光谱图像的 3 个不同波段构造了农作物生长区的特征，分析了玉米收获期的多光谱图像，发现其彩色直方图可直接计算出分割阴影的阈值，而把图像作 HIS 变换，由色度 H 直方图可计算出分割作物边缘的阈值，每处理完一行图像时，就用线性回归方法提取割/未割边缘直线，然后采用模糊算法评估边缘识别的正确性，舍弃不合理特征点，若已经能确认直线参数，即可终止运算。这种算法能减少 77.1% 的处理工作量，大大提高了系统的实时性[29]。

　　美国的 Carnegie-Mellon 大学的 Ollis M 和 Stentz A 基于机器视觉技术搭建了自动收获机器人[30]，利用彩色相机获取农作物的田间图像，并利用 RGB 分量比构建了收割作物的边缘特征，而后利用阶梯模型识别边缘，并提出利用阴影补偿的方法剔除车辆投影干扰边缘识别的问题[31]。

　　英国的 Silsoe 研究所立足精准农业的发展，从农作物精准施药的方面着手，开发了能自主行走的智能喷药机器人，并基于机器视觉在自动导航方面开展了很多研究 [32-36]。

Pla F. 提出用田间图像的虚交点作为导航目标的方法：预先用色彩训练法建立像素分类表，对实时图像查表分类；然后把已识别出的作物区建模为骨架，通过运算提取骨架的轮廓线，这些骨架的中心线将聚交于一个虚交点，此点即为导航参数 [37]。Sanchiz 提出用图像的 4 个边角点结合查表的方法加快图像的处理速度 [38]，Tillett 依据取样图像的平均灰度和作物的生长阶段确定阈值，以此阈值为参照，用软件控制相机的积分时间，从而保证稳定的图像分割，然后通过寻找作物行中少数特征点来确定作物航的位置 [39]，Hague T 提出用带通滤波器匹配小麦行，实验结果表明，RMS 误差为 15.6mm[40]，Tillett N D 针对甜菜生长初期的特征不够明显，识别过程中容易受杂草的干扰，提出带负值的带通滤波器，实验结果为除草的偏差不超过 ±10mm[41]。

法国 Cemagref 研究所的 Chateau 提出利用 MRF 处理收割作物边缘识别问题 [42]，选用单元窗口的直方图最大值的灰度、二阶矩、同质和熵等 4 个统计特征参数，基于 Markov 随机场进行参数融合，再计算典型模型和当前图像的相关系数，定义参数的置信度，使用dempster-shafer 证据推理理论计算最大可信度，得到确切的已割 / 未割的作物边缘。

Olsen 提出使用正弦函数模型匹配灰度图像寻找作物行中线位置的方法 [43]，把灰度曲线变换到频率域，用 8 阶低通 Butterworth 滤波器滤波，再逆变换回时域，那么光滑曲线的每个峰值就是作物行所在位置，试验证明，该方法具有很好鲁棒性。H.T.Søgaard 和 H.J.Olsen 提出利用彩色分量之间的数值运算（$2 \times G-R-B$）进行图像灰度化，用灰度重心确定作物的位置，最后结合 Hough 变换提取作物行 [44]。Bjorn Astrand 用图像分割、Hough 变换提取识别甜菜行，田间实验精度为侧向偏差为 2.4cm[45]。

在亚洲，开展视觉导航系统研究的主要集中在日本和韩国。

日本东京大学的 Torii 等把彩色图像从 RGB 空间变换到 HIS 空间

后，首先经过离线训练，然后在线用查表法分类各像素，分割作物与背景。通过在插秧机的实验应用中表明，偏移量误差小于 2cm，偏向角误差小于 0.2°[46]。Yutaka Kaizu 研究了基于机器视觉的插秧机自动导航系统，并利用 Hough 变换提取了作物行及导航参数[47]。

韩国汉城大学的 S.I.Cho 采用黑白相机寻找果园内的路径，同时利用超声波传感器检测障碍，应用模糊控制算法，实现车辆的自动导航，其输入量为视觉导航系统感知的前进方向和超声波传感器测定的障碍物距离，输出的控制信号为液压油缸的移动方向和动作时间[48]。Shin 搭建了自动导航实验系统，利用视觉传感器获取行走路径，其早期系统主要由 WebCamera 和笔记本构成视觉系统，利用单片机控制车辆的运动[49]。

1.4　国内农业机器人视觉导航技术研究现状

国内开展农业机器人视觉导航技术的研究始于 20 世纪末期，起步比较晚，主要集中在浙江大学、华南农业大学、中国农业大学、南京农业大学等高等院校。

南京农业大学的沈明霞[50]等从农田景物的图像区域的检测入手，通过图像二值膨胀处理，形态滤波器滤波，有效去除了图像中的小纹理，得到预期的农田景物有效区域[51]，而后基于零点反对称紧支撑二进小波基的图像小波变换，检测农田景物边缘，农田景物中各个边缘都被提取出来，且边缘细节丰富，景物图像边缘无像素平移、定位精确[52]，最后通过对机器人的近景成像几何建模，提出了利用虚点提取和检测实现从图像到场景现实空间的三维计算，并确定机器人与路径的相对位置、方向，从而获得了自定位信息的方法[53]。

南京农业大学的周俊探讨了适宜于多分辨率路径识别时的彩色特征（2G-R-B）/4，利用小波变换，把图像分解到第四个尺度，而后利用阈值分类法提取作物行的粗略轮廓，最后基于最小二乘法融合多分辨率检测结果，输出导航路径，并以油菜地农田图像为例，提取出油菜行直线[54]。而后提到一种运用路径知识启发机制识别行走路径的方法，且通过对农田自然环境图像的识别证明，该方法与传统阈值分割算法的相比具有明显的优势，可以在非结构化农田自然环境中有效地识别出行走路径[21]。在导航参数获取方面，周俊提出了把Hough变换把图像空间中的线映射导航参数空间中的点，来直接获取所需的导航参数，实验结果表明，横向距离偏差均值为 −0.83cm，标准差为 3cm，偏向角偏差均值为 −0.38°，标准差为 0.62°[55]。在障碍物识别方面，周俊提到一种在线检测运动障碍目标的方法：在移动机器人平台上连续采集两帧图像，提取其特征点并加以匹配，然后应用双线性模型描述对应特征点在图像之间的运动特性，并用最小二乘法对模型参数进行最优估计，得到两帧图像之间的变换矩阵，最后利用此变换矩阵补偿前帧图像来消除机器人自身运动的影响，再与后帧图像作帧差，在线检测出运动障碍目标[56]。

南京农业大学的安秋等针对农业机器人视觉导航中存在的阴影干扰问题，采用基于光照无关图的方法去除导航图像中的阴影，然后采用增强的最大类间方差法进行图像分割和优化的 Hough 变换提取作物行中心线，最终通过坐标转换获得导航参数。最后，通过作物行跟踪试验表明，基于光照无关图的阴影去除方法不仅满足了导航实时性的要求，而且使农业机器人在光照变化的情况下导航参数提取的鲁棒性有了更大的提高[57]。

华南农业大学的罗锡文院士带领研究小组搭建了农用智能作业移动平台，作为精准农业的研究平台[58]。张志斌等根据田间作物垄行间杂草离散的特点，基于图像矩阵，运用像素子集的良序性，结合垄宽先验知识得到垄行轨迹中心，并在摄像头参数结构的可线性化映射区（图像中间约 1/3 区域），考虑移动平台的速度和系统图像采样间隔，在系统处理速度大于平台移动速率条件下，建立了单目视觉导航系统的动态方程，通过对油菜地的试验表明，航向角和位置参数平均误差分别约为 1°和 1mm[59]。同时为了提高农业机械自主作业视觉导航的精度，基于田间作物垄行的特点，首先选择作物的绿色为特征提取垄行结构，并基于 Hough 变换原理和 Fisher 准则建立提取垄线的新算法，得出了多垄识别的统一模型[60]。2011 年张志斌提出一种基于统计分析提出了一种绿色作物图像分割方法，该算法相对传统的 ExG+auto-threshold 绿色索引，对于早期生长的绿色作物是一种有效、简单的图像分割方法，对作物–土壤、光照变化不敏感[61]。

中国农业大学的陈兵旗教授对耕作环境[62]、高速公路环境[63]、麦田初期管理环境[64]等的行走目标直线检测、农田区域分界线的识别[65]以及农田障碍物的检测[66]等进行了深入的研究。吴刚提出一种基于改进随机 Hough 变换（RHT）的收获机器人行走目标直线检测算法，根据已收获区域、未收获区域和非农田区域的不同颜色特征，利用统计分析和边缘检测，确定行走目标直线的终点位置以及直线方向上的候选点，采用改进 RHT 完成直线检测，实验证明算法能够有效检测出直线参数，且处理时间在 200ms 左右[67]。

籍颖从农田作业环境特点出发，利用颜色特征因子（$2G-B-R$）进行灰度化处理，使用 OTSU 法获得二值化图像，采用基于已知点的改进 Hough 变换方法，提取导航基准线，该算法处理 640 pixels × 480 pixels 像素的彩色图像平均用时 100 ms，正确识别率为 92%[68]。

张红霞针对麦田图像中多列目标检测问题，提出基于水平线扫描的归类算法。首先对麦田彩色图像进行绿色强调，利用阈值分割方法提取苗列区域，而后对二值图像水平扫描，检测目标区域和目标点，根据目标点横坐标值的差值实现归类，最后利用过已知点的霍夫变换检测多列目标直线[69]。

丁幼春提出一种农业车辆视觉导航路径识别算法—旋转投影算法，通过角度枚举对图像 ROI 实施旋转变换，由旋转后图像的列均值与枚举角度构成旋转投影矩阵 R，对其行向量实施差分运算得到差分旋转投影矩阵 Rd，由 Rd 的极值可确定图像导航路径，即航向偏差 θ 与航位偏差 d，进而可以求得世界坐标系下的导航路径参数，通过对不同条件下成熟小麦图像测试表明，该算法识别导航路径准确率达到 95%[70]，同时提出了一种基于单目彩色图像分割与立体视觉特征匹配相结合的障碍物检测方法[71]。

姜国权提出基于最小二乘法检测早期作物行中心[72]。曹倩提出基于已知线的方法判断农作物列数，采用了基于水平线扫描的归类算法解决农田图像中多列目标检测问题，并利用改进的 Hough 变化快速检测多条定位线[73]。赵瑞娇采用 2G-R-B 法和 OTSU 法将图像二值化，通过快速中值滤波算法去除噪声，再利用垂直直方图投影将图像进行水平条划分获取作物垄平均定位点，最后通过 Hough 变换检测垄定位点，得到作物行中心线[74]。赵博针对影响较大的垄间杂草环境，提出一种基于 BP 神经网络的杂草环境下导航路径识别方法，识别率为 97%，单幅图像平均耗时 560ms[75]。孙元义以自然环境下采集的棉田图像为研究背景，通过最大方差阈值分割法将图像转化为二值图像，并经过中值滤波去除噪声，利用二值图像直方图的波谷位置确定左右垄分界线，最后通过 Hough 变换得到导航路径[76]。冯娟针对果园导航环境的复杂性，采用二维 ostu 算法获取最优分割阈值，对色差 R-B 分量图进行二值化，根据水平投影曲线的一阶导数变化规律提取树干区域，基于临近像素灰度值的变化规律，提取主干与地面的交点为特征点，最后利用最小二乘法拟合左右边界线，通过提取边界线上各行的中点生成导航基准线，准确率达到 90.7%，处理 640pixels × 480pixels 的图像耗时小于 119ms[77]。张成涛基于达芬奇平台，提出了把原亮度图像改变为水平方向上的平滑度图像，采用 Ostu 方法进行分割图像的边界点，并基于 Hough 变换确定联合收获机的视觉导航路径，算法速度为 28.6 帧/s[78]，并以 DM6446 双核数字视频处理器为核心，构建了收割机视觉导航图像处理算法试验系统[79]。袁挺针对温室环境下光照波动问题，提出一种基于光照色彩稳定性的视觉导航信息获取方法，算法速度达到 95ms/帧，在运行速度低于 1.5m/s 时最大路径跟踪误差小于 6cm[80]。李茗萱提出一种基于扫描滤波的农机具视觉导航线检测方法，该方法针对 640pixels × 320pixels 的图像处理速度为 76ms/帧[81]。

江苏大学的于国英通过对作物图像进行超绿特征分割和中值滤波，孔洞填充等预处理进行边界提取，应用 Radon 变换方法对提取的边界进行参数提取，并进行了模拟实验，实验的位置误差在 4.31cm 以内，航向角误差在 2.5° 以内[82]。王新忠针对温室非结构作业环境和复杂背景的问题，提出基于 I 分量直方图利用 Ostu 方法实现阈值分割，利用目标区域的边缘提出算法提取导航离散点簇，最后基于最小二乘法实现温室番茄垄间视觉导航路径的检测 [83]。

浙江大学的应义斌、张方明等人提出基于相关分析的图像分割算法，通过构造小窗口，利用相关系数阈值分割图像，并建立了一系列的田间道路模型：带斜边的阶跃模型、梯形模型和多梯形模型，在小波分解算法的辅助下，采用最小马氏距离作为判别准则，实现了由粗到精的田间道路快速识别 [84-85]。杜歆将基于因子分解的运动估计结构（structure from motion, SFM）算法延伸至室外环境障碍物检测，提出了一种基于单相机的障碍物检测方法。通过图像序列特征点的匹配和跟踪，用基于因子分解的运动估计结构算法得到场景的投影重建，通过满足绝对二次曲面（dual absolute quadric, DAQ）约束的自标定升级至欧式重建，同时得到相机的运动，通过将图像分割为等面积的区域，每个独立的区域通过从欧氏重建得到的深度信息来区分是障碍物还是背景，室外真实场景的实验结果表明，该方法能够在室外环境下获得比较好的障碍物检测效果 [86]。

吉林大学的王荣本等人研制了能够定时、定量和定位的视觉导航智能玉米施肥机器 [87]，开发了能够沿直线、S 线和弧线行走的视觉车辆导航器 [88]。

西安交通大学的杨为民等人基于 Hough 变换和动态窗口技术开发了农田作业环境视觉信息处理算法，并在拖拉机上进行了试验验证 [89]。

西北农林科技大学的唐晶磊根据预视觉导航参数、当前导航参数和反馈导航参数，基于串行 BP 神经网络构建了农业机器人视觉导航控制系统，试验证明，农业机器人的实际行走路线比理想路线的横坐标的最大反馈位置偏差为 −0.069 m，最大预视位置偏差为 −0.043 m，最大反馈角度偏差为 −3.5°，最大预视角度偏差为 −2° [90]。

通过对视觉导航系统的国内外研究现状进行分析，可以看出如下 4 点。

（1）视觉导航系统由于其适应能力强，灵活等技术优势，目前已经成为自动导航领域的研究热点，并且取得了丰富的研究成果。特别是在图像处理的一些方法上，普遍被采用，如引入路径的经验知识，视觉窗口技术等。

（2）视觉导航的研究对象十分丰富，有小麦、玉米、棉花、大豆、油菜等，各国都是根据本国的农业种植特色选择不同的研究对象；在研究农业机械化生产的环节也各有不同，从耕地、播种、中耕、植保、收获等各个环节都有研究，但是还未见有报道针对某一种研究对象，进行全生产阶段视觉导航系统的研究。

（3）由于农业生产环境的复杂性、随机性，目前视觉导航系统的研究在识别算法、识别速度等方面还存在突破的空间，特别是在田间图像的实时处理方面。

（4）目前国内外的研究都是针对农业机器人的某个关键问题进行探讨，没有涉及能够普遍适用的农业机器人视觉体系的构筑。如何实现农业机器人的自动导航、自我定位和障碍物检测，是视觉导航技术与生产实践能否紧密结合的关键。

1.5 研究目标与内容

1.5.1 研究内容

（1）棉花生产机械化视觉导航平台的搭建。

根据新疆兵团棉花机械化种植结构特点及作业机械的特点，搭建适宜于在棉化播种、中耕、植保、及收获等阶段通用的视觉导航平台，主要包括相机、电脑及其他相关硬件配置等，并研究合适安装位置及安装角度，是决定后续的图像采集与作业路径识别算法难易程度的关键。

（2）棉田机械化生产过程通用图像处理算法研究。

通过对播种、中耕、植保、收获等环节的棉田图像进行分析研究，归类分析导航路径的特征及分类，归纳路径的提取算法的通用性及不同环节的特性，研究通用颜色模型及图像预处理算法，为棉田机械化生产过程导航路径检测奠定基础。

（3）铺膜播种机田间行走路径检测算法研究。

根据兵团棉花铺播种种植的特点，研究铺膜播种机田间正常作业时人工作业的特点（作业时对应划行器划下的路标），提取和归类田端、对划行器所划痕迹及田埂处的像素点集群进行研究，研究基于Hough变换的直线快速提取算法，获取铺膜播种机田间作业时的视觉导航路径。

（4）田间管理作业机械田间行走路径检测算法研究。

棉花的田间管理环节主要包括中耕和植保。着重研究分析不同的生长期的棉苗的特点（主要包括棉叶大小、高低、叶片数、穴苗数等）及地膜在经过长时间风化后的特征，开发提取苗列线算法，获取田间管理作业机械的视觉导航路径。

（5）采棉机田间行走路径检测算法研究。

机采棉是兵团棉花产业机械化发展的必然趋势。着重研究棉花采摘时，已收获区与未收获区的颜色特征，提取分界处的像素点集，研究基于Hough变换的直线快速提取算法，获取采棉机田间作业时的视觉导航路径。

1.5.2　研究目标

本书从棉花种植、中耕、植保、收获等不同的生产阶段着手，基于机器视觉技术开展棉花机械化生产视觉导航技术研究，通过对不同生长阶段的棉花及农田特点进行研究，探索农业机械在棉田作业过程中行走路径的视觉检测关键技术，建立棉花生产机械化视觉导航体系，为兵团棉花生产实现自动化、智能化奠定理论基础。

1.6　研究方法与技术路线

1.6.1　研究方法

（1）新疆兵团棉花生产机械化视觉导航平台的搭建。

视觉导航平台在课题研究过程中承担视频采集、路线检测等任务，因此视觉导航平台的搭建是课题能否成功开展的关键。对于导航，摄像头距离行走目标越近，检测越精确，导航精度也越高；对于障碍物判断和距离测量，摄像头的视野越广，越能提前预警，安全性越好。本课题拟将用于导航摄像头分别安装在作业机器人的前方，从行走目标的正上方采集导航目标的图像，根据作业方向的不同，采用不同摄像头拍摄的图像信号，摄像头安装的高度和俯视角度，在能够获得控制机器人正常行走所需要的区域分界线长度的基础上，以尽量拍摄到近视野信息为原则，通过试验进行确定。

（2）棉花生产不同阶段的田间作业路径的识别算法研究。

静态图像的采集：对棉花机械化生产过程中可能遇到的各种田埂、各种作业区域的分界线以及在不同的天气状况下进行静态图像的采集。

动态图像的采集：将摄像机安装在农田作业机械的前方，在不同的作业状况下，一边进行农田作业，一边录制各种作业环境的动态图像。利用这些动态图像进行机器视觉模拟系统的研究。

区域分界线的检测：无论播种、中耕、植保、还是收获，都可以将图像分解为田端、农田外环境、已作业地和未作业地等区域。首先通过试验确定合适的颜色模型，剔除由于光照、阴影等因素造成的图像差异，开发合适的图像预处理方法；而后通过小波变换、阈值分割等不同的方法，确定各区域分界点的像素点集，最后通过 Hough 变换、最小二乘法等拟合直线，确定不同区域的分界线。

（3）棉花机械化生产过程视觉导航路径检测系统的试验研究。

通过采集棉花生产过程中不同机械化作业环节、不同作业速度、不同棉田环境、不同天气条件下的视频，通过软件系统对视频中的导航路线进行提取，验证导航路线提取的准确度，时间响应速度等，确定检测算法的可靠性与适用性。

1.6.2 技术路线

本研究的技术路线如图 1–1 所示。

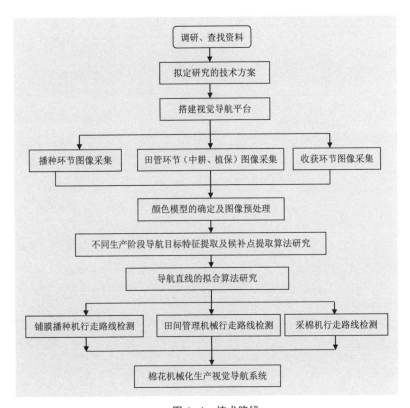

图 1-1　技术路线

2 棉田视觉导航系统构成及图像采集

机器视觉系统是综合光学、机械电子、图像处理、计算机技术等为一体的多学科系统。农业机械的视觉系统一般主要由图像采集设备、计算机设备、传感器和执行系统等组成，并安装在车身上。本书主要介绍棉田视觉导航软硬件构成，硬件部分主要完成棉田作业机械的视频采集，软件部分主要完成图像的处理分析及导航路径的提取。

2.1 硬件系统构成

硬件的构成和配置会直接影响系统的性能，在进行硬件选型的时候，要综合考虑棉花机械化生产全过程的棉田作业环境和作业对象，选择满足性能要求的性价比高的硬件组成图像采集系统。本研究的主要目的是检测棉花机械化生产过程中的视觉导航路径，为棉田作业机械实现自动驾驶奠定基础，因此主要的硬件构成包括图像采集设备和计算机。

（1）图像采集设备。

图像采集设备的性能会直接影响获取图像的质量，会对后续的图像处理分析产生较大的影响。图像采集设备主要完成棉田作业机械的图像及视频采集，确保采集的图像及视频能够满足后续图像处理的需求。目前常用的图像采集设备有：摄像机、视频图像采集卡、数码相机等。本研究在选择采集方式和采集设备时，主要考虑以下几个方面。

① 便携性，且便于安装。本研究的图像采集地点在兵团农八师132团、147团等，采集周期涉及棉花机械化生产全过程，采集周期从2011年4月至2012年9月，采集时间周期跨度大；同时涉及铺膜

播种机、中耕机、采棉机等多种机型，因此要求图像采集设备比较便携，且固定安装简单。

② 存储容量大。由于兵团棉花实施规模化生产，棉花地块比较大，因此为确保能够录制一个作业行程，相机的存储容量应能满足存储要求。

③ 视觉传感器分辨率范围广，满足拍摄图像大小要求，且成像质量好，图像传输速度快，便于和计算机连接。本研究采用的图像及视频大小为 $640\,pixels \times 480\,pixels$。

此外，本研究采集的图像及视频主要应用于验证导航路径的提取算法的准确性，因此本课题研究主要选用了爱国者 T60 型和三星 NV3 数码相机，如图 2-1 所示，相机性能参数如表 2-1 所示。

爱国者 T60 型 数码相机　　　　　　　　三星 NV3 型数码相机

图 2-1　数码相机

表 2-1　相机性能参数

性　能	参　数	
	爱国者 T60	三星 NV3
传感器类型	CCD	CCD
传感器尺寸	（1/2.5）in	（1/2.5）in
有效像素	800 万像素	720 万像素
最高分辨率	3264 × 2448	3072 × 2304
变焦性能	光学变焦：3 倍；数码变焦：5 倍	光学变焦：3 倍；数码变焦：5 倍
对焦方式	TTL 自动对焦	TTL 自动对焦
镜　头	等效 35mm 焦距：34~102	等效 35mm 焦距：38~114

（续表）

性　能	参　数	
	爱国者 T60	三星 NV3
视频分辨率	640 × 480 VGA	720 × 480；640 × 480；320 × 240
帧　率	30 帧/s	30 帧/s；20 帧/s（720 × 480）；15 帧/s
文件格式	静态图像：JPEG（Exif2.2）； 视　频：Motion JPEG	静态图像：JPEG(DCF)，EXIF2.2，DPOF1.1； 视　频：AVI(MPEG-4)
存储介质	SD/SDHC（最大支持 8G）	SD/MMC（最大支持 2GB）

（2）计算机。

计算机主要用来进行图像处理和分析，进行导航路径图像检测算法开发及相关实验研究。本研究用于图像处理的计算机为 Lenovo 昭阳 E46 型，处理器为 Intel(R) Core(TM) i5，主频为 2.4 GHz，内存为 2G。

2.2　软件系统设计

本研究的主要任务是开发棉花机械化生产全过程视觉导航路径的检测算法。系统的稳定性和可靠性需要合理高效的软件体系来保证，因此需要选定合适的软件开发环境和开发工具，根据设计目标确定系统的软件模块[91]。

2.2.1　软件开发环境和工具

本研究从功能实现、实用及使用方便性等几个角度考虑，采用的软件开发环境为 Windows7 操作系统，开发工具为 Microsoft Visual Studio 2010 和通用图像处理系统 ImageSys 开发平台。

（1）软件开发环境——Windows7 操作系统。

Windows7 是由微软公司开发的操作系统，核心版本号为 Windows NT 6.1，2009 年 10 月正式发布，具有易用、快速、简单、安全等显著特点，目前已经成为主流操作系统。Windows7 可为用户提供图像用户界面、对象链接与嵌入以及高层次的软件开发功能平台。

（2）软件开发工具——Microsoft Visual Studio 2010。

Microsoft Visual Studio（简称 VS）是微软公司推出的开发环境，是目前最流行的 Windows 应用程序开发平台。Visual Studio 2010 于 2010 年 4 月发布，其集成开发环境（IDE）的界面被重新设计和组织，变得更加简单明了，并且支持开发面向 Windows 7 的应用程序。Visual Studio 2010 相对于 Visual Studio 2008 而言：带来了增强的用户界面体验，更有条理的应用程序生命周期管理、更高的创造性和开发效率、更深入的 WEB 开发、强大的云计算开发（Azure）、更多的数据库支持、更简单的并行编程等。Visual Studio 2010 在 C++ 开发方面相对于 Visual C++6.0 而言具有很多革命性的变化：首先对 C++ 新标准——C++0x 的全面支持；其次在 IDE 方面，微软将 Visual C++ 构建的系统 VCBuild 整合到 MSBuild 中，借助后台编译，Visual C++ 的 IntelliSense 更加智能，能够处理更多的文件、更加复杂的项目；在 MFC 方面，通过引入很多新的类，MFC 全面支持 Windows 7 风格的 UI。

（3）软件开发平台——通用图像处理系统 ImageSys。

ImageSys 北京现代富博科技有限公司开发的一部大型通用图像处理系统，具有图像 / 多媒体文件操作、图像捕捉、图像数据分析、颜色测量、颜色变换、几何变换、频率域变换、图像间变换、图像滤波、图像分割、2 值图像运算、参数测量与统计、图像编辑、多媒体播放等内容，汇聚了现代图像处理技术的绝大多数功能，而且具有开发平台功能的源程序以及多功能函数库。

2.2.2 软件系统构成

棉花机械化生产过程视觉导航路径检测系统需要具备视频实时采集，满足图像及视频的读取、显示、保存和加载等基本操作，能够实现图像的预处理、特征提取等功能，实现棉花机械化生产过程中铺膜播种机、田管植保机械、采棉机等多种农机具的导航路径的检测。该系统主要由视频采集模块、图像预处理模块、铺膜播种机导航路径检测模块、棉花田管环节导航路径检测模块、采棉机导航路径检测模块等组成。

棉花机械化生产过程视觉导航路径检测系统的基本框架如图 2-2 所示。

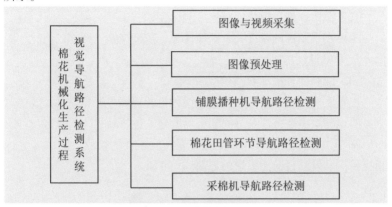

图 2-2 系统基本框架图

软件系统的界面如图 2-3 所示。

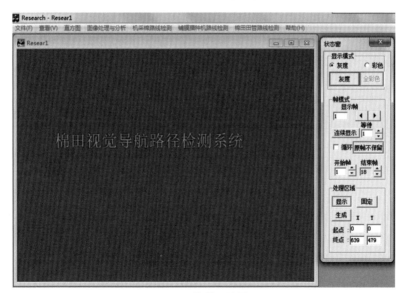

图 2-3 软件系统界面

（1）图像与视频采集模块。

主要完成棉田图像、视频信息的采集，并实现对图像、视频信息的捕捉、保存、打开和重新加载等功能。

（2）图像预处理模块。

主要实现图像的灰度化、图像滤波、灰度变换、图像二值化、图像分割等功能。

（3）铺膜播种机导航路径检测模块。

主要实现棉花在播种时期铺膜播种机的田间作业导航路径及棉田边界的检测。主要方法是寻找划行器所划痕迹等特征（候补点集群），而后基于过已知点的 Hough 变换实现导航路径的检测。图 2-4 为铺膜播种机导航路径检测模块的界面。

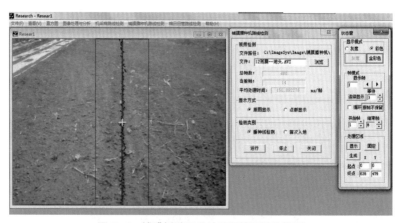

图 2-4　铺膜播种机导航路径检测模块界面

（4）棉花田管环节导航路径检测模块。

主要实现棉花在田管时期的田间作业导航路径及棉田边界的检测，主要包括棉花在幼苗期、现蕾期、花铃期及吐絮期的中耕、植保、打顶和打脱叶催熟剂等田间作业环节。主要方法是基于寻找棉苗行列、棉行边缘等特征，而后基于过已知点的 Hough 变换实现导航路径的检测。图 2-5 为棉花田管环节导航路径检测模块的界面。

图2-5　棉花田管环节导航路径检测模块界面

（5）采棉机导航路径检测模块。

主要实现棉花收获时期采棉机的田间作业导航路径及棉田边界的检测。主要方法是基于寻找已收获区域和未收获区域的边界等特征，而后基于过已知点的 Hough 变换实现导航路径的检测。图2-6 为采棉机导航路径检测模块的界面。

图2-6　采棉机导航路径检测模块界面

2.3　视频采集与存储

图像采集就是图像的数字化过程，目前以 CCD 技术为核心的图像获取设备可以分为两类：一类由 CCD 摄像头、图像采集卡和 PC 机组成，由采集卡将 CCD 传来的视频信号转换为数字图像信号送给计算机处理；另一类是 CCD 摄像机本身带有数字化设备直接将数字图像信号通过计算机的端口传送进计算机 [92]。

在 Windows 平台下开发视频应用程序，主要有 VFW、Direct-Show、OpenCV 以及基于图像采集卡的 SDK 等方法。

（1）VFW 技术。

VFW（Video for Windows）技术 [93-94] 是主要针对 Windows 平台下的视频技术，是其操作系统的一个组成部分，主要用于实现实时视频捕获、剪辑和视频播放，是 Microsoft 公司于 1992 年推出的。VFW 技术的特点是播放视频时不需要专用的硬件设备，而且应用灵活，可以满足视频应用程序开发的需要。VFW 主要由 6 个模块构成，其中的 AVICap 模块包含了执行视频捕获的各种函数，支持实时的视频流捕获和单帧捕获，并提供视频源的控制。视频捕获的主要流程包括创建视频捕获窗口、注册定义回调函数、设置捕捉窗口相关参数、连接视频采集设备、获取视频采集设备信息、设置捕获窗口显示格式、捕获图像到缓存或文件、终止捕捉并断开与采集设备的连接。

（2）DirectShow 技术。

DirectShow 技术 [95] 是微软公司在 ActiveMovie 和 Video for Windows 的基础上推出的基于 COM 流媒体处理的开发包，它能实现多媒体流的捕捉和回放，支持多种媒体数据类型的解码播放、格式转化以及多路音视频数据同时采集的功能，也能方便地从支持 WDM 驱动模型的采集卡上捕获数据，并做出相应的后期处理及存储，能够直接支持视频的非线性编辑和数字摄像机的数据交换。DirectShow 使用 Filter Graph 模型管理整个数据流的处理过程，其中参与数据流分析的各个功能模块称作 Filter，各个 Filter 在 Filter Graph 中按一定的顺序连成一条流水线协调工作，完成从视频设备中获取视频或对视频进行解码等操作。在 DirectShow 中提供了 IGraphBuilder、IMediaControl、IVideoWindow 等重要接口来完成视频流的采集与控制功能。使用 DirectShow 进行摄像头的视频捕获时，首先需要构建一个 ICaptureGraphBuilder2 和 IGraphBuilder 的 COM 对象，然后对摄像头驱动进行枚举，并将视频捕获滤镜与摄像头驱动建立关联，最终通过 IGraphBuilder 的对象查找 IMediaControl 接口和 IVideoWindows 接口实现预览窗体的设置和流媒体的基本控制。

（3）OpenCV。

OpenCV（Open Source Computer Vision Library）[96] 是 Intel 公司资助的开源计算机视觉库，是一套基于 C/C++ 语言开发的图像处理和计算机视觉函数库，它由一系列 C 函数和少量 C++ 类构成，实现了图像处理和计算机视觉方面的很多通用算法。OpenCV 在实际运用中有以下几个方面的优势：开放的 C/C++ 源码、基于 Intel 处理器指令集开发的优化代码、统一的结构和功能定义、强大的图像和矩阵运算能力、方便灵活的用户接口等。OpenCV 具有图像和视频的输入和输出、提供基本结构和运算功能、数字图像分析和处理、运动分析和目标跟踪、目标识别、结构分析以及 3D 重构等七大类功能。OpenCV 支持从摄像头和视频文件（AVI）中捕捉图像，通过使用 CVCAM 模块提供的函数，可以对摄像头和视频流进行操作。

（4）基于图像采集卡的 SDK。

基于图像采集卡所附带的二次软件开发包 SDK 进行视频采集[93]，其优点是应用方便，实现便捷。图像采集卡应用接口函数库可分为应用功能模块和扩充功能模块，其中应用功能模块包括图像采集卡的控制、采集图像到屏幕、采集图像到内存、错误处理等功能；扩充功能模块包括采集图像到屏幕控制、采集图像到内存控制、数据传递等功能。每个功能模型均由包含文件（.h）、动态链接文件（.dll）和静态链接文件（.lib）组成。

基于图像采集卡的 SDK 进行采集，其缺点就是对硬件设备的依赖性较强，而且各种视频采集卡型号不同而各有特点，但开发过程大同小异，需根据生产商提供的功能函数库和开发实例，一般都能开发出满足各自需求的视频捕获程序。

本研究采集图像视频的设备是爱国者 T60 型和三星 NV3 数码相机。由于 DirectShow 不仅屏蔽了硬件设备的差异，而且还具有多路音视频数据同时采集的功能，软件开发难度较小，因此本研究选用 DirectShow 技术实现对棉田图像及视频的采集。

2.4 棉田图像采集

图像采集的参数主要包括相机的安装方式、相机安装高度及相机安装角度。图像采集参数的设置会影响图像的分辨率和有效区域。分辨率越大则获取图像的质量越高，有效区域越大则会提高作业效率。同时在图像采集时还应该考虑农业机械的工作速度，以满足其田间作业的实时性要求。

2.4.1 棉花机械化生产过程

棉花的机械化生产主要包括耕整地机械化、地膜覆盖播种机械化、残膜回收机械化、棉田管理机械化、棉花收获机械化及机采棉花管理与加工机械化等方面[97]。本书主要针对棉花机械化生产过程中的铺膜播种、中耕、棉田管理（中耕、植保、化控等）、收获等环节农业机械在田间作业时图像及视频进行采集，并对导航路径进行检测。

兵团棉花种植过程追求"四月苗、五月蕾、六月花、七月铃、八月絮"的生长进程。因此本书的图像采集主要依据棉花的生长进程进行安排，主要分为播种期、出苗期、现蕾期、开花期和吐絮期。在棉花的不同生长进程中，棉的长势、棉苗的高度、农田的环境都有差异，而棉花的机械化生产贯穿于整个棉花生长进程。

播种期：4 月初至 4 月 20 日，主要完成棉花的铺膜播种作业，株行距采用（66+10）cm 宽窄行配置，适期早播，播种质量要求达到"开沟展膜同一线，压膜严实膜面展，打孔彻底不错位，下种均匀无空穴，覆土均匀一条线"。

幼苗期：棉花从出苗到 5 月 20 日左右，棉花主茎高度 15cm 左右，节间长不超过 3cm，主茎叶片数 5 片。主要有中耕、破板结、化控等田管作业环节。

现蕾期：棉花幼苗期过后，一般从 5 月 20 日以后至 6 月初，生育期 25d 左右，棉花主茎高 45cm 左右，叶片数 12~13 片。主要有施肥、化控等田管作业环节。

花铃期：棉花现蕾期过后，生育期 70d 左右，打顶后保证株高 70~85cm，果枝台数 8~10 台，主茎叶片数 13~15 片。主要有施肥、化控、植保、打顶等田管作业环节。

吐絮期：8 月中下旬至 9 月 10 日。主要作业环节是喷施脱叶催熟剂，一般在 9 月 10 日前后。

采收期：主要指棉花采收阶段。

2.4.2 铺膜播种机田间作业视频采集

（1）采集方式。

棉花播种作业采用的播种机为 2MBJ-2/12 机械式精量铺膜播种机，配套动力为 JohnDeer754，采用爱国者 T60 型摄像机进行图像采集。相机安装在拖拉机的正前方中间位置，在划行器所划痕迹的正上方进行图像采集。相机的安装高度为 1.2m，相机轴线与水平面向下夹角为 20°，播种机的工作速度为 3.7km/h。相机安装位置如图 2-7 所示。

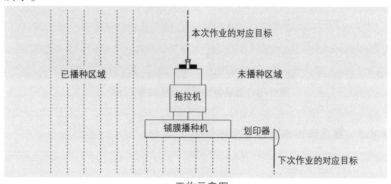

a. 工作示意图

b. 相机安装位置

图 2-7　铺膜播种机工作示意及相机安装图

（2）采集时间与地点。

铺膜播种机田间播种视频共采集两次，第一次是 2011 年 4 月在兵团农八师 147 团 11 连采集，第二次是 2012 年 4 月在兵团农八师 147 团 9 连采集。棉花播种时期采集的棉田图像如图 2-8 所示。

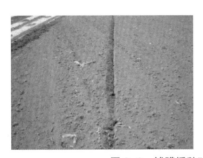

图 2-8　铺膜播种时期采集的棉田图像

2.4.3　棉花田管机械作业视频采集

（1）采集方式。

棉花田管作业环节主要包括中耕、植保、化控、施肥等环节，根据作业的要求不同，选用不同的作业机具，但所用的动力机械相对稳定。在采集棉花田管作业时，拖拉机选用 JohnDeer754，采用爱国者 T60 型和三星 NV3 型摄像机进行图像采集。相机安装在拖拉机的正前方中间位置，在棉花行的上方进行采集。相机的安装高度随着棉株的高度不同而进行相应的调整，相机轴线与水平面向下夹角为 20°，相机安装位置如图 2-9 所示。

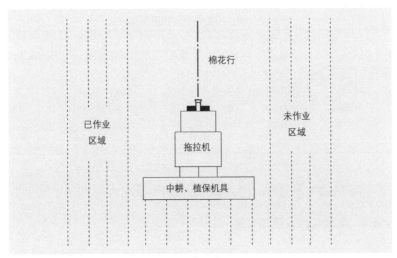

a. 工作示意图

b. 不同棉花生长期图像采集时相机安装位置

图 2-9　棉花田管环节工作示意及相机安装图

（2）采集时间与地点。

棉花田管环节的图像采集主要根据棉花不同生长进程中所需的机械化作业所定。本研究共对棉花田管进行 4 次图像采集，主要包括幼苗期、现蕾期、花铃期和吐絮期。

图像采集地点、时间、相机安装高度、安装角度、工作速度等信息如表 2-2 所示。

表 2-2　棉花田管环节图像采集信息表

项　目 棉花生长进程	相机安装 高度 （mm）	相机安装 角度 （°）	工作 速度 （km/h）	采集地点	采集时间
幼苗期	1620	20	7.1	八师 147 团 9 连	2012.5.20
现蕾期	1650	20	6.5	八师 147 团 11 连	2012.6.12
花铃期	1650	20	6.3	八师 147 团 11 连	2012.7.1
吐絮期	1890	20	5.1	八师 147 团 9 连	2012.9.14

不同棉花生长进程时期采集的棉田图像如图 2-10 所示。

2.4.4　采棉机作业视频采集

（1）采集方式。

棉花收获期图像采集采用的采棉机为 JohnDeer9970 型采棉机。由于采棉机作业幅宽大，所以需要两台相机分别安装在采棉机最左侧和最右侧的采摘头上，在已收获区与未收获区的分界线上进行图像采图，采集相机采用爱国者 T60 型相机，相机的安装高度为 1.7 m，相机轴线与水平面向下夹角 20°，采棉机的工作速度为 3.6km/h。相机安装位置如图 2-11 所示。

（2）采集时间与地点。

采棉机田间采收视频共采集两次，分别与 2011 年 9 月和 2012 年 10 月在兵团农八师 132 团 2 连进行采集。采集的收获时期的棉田图像如图 2-12 所示。

a. 中耕——划苗

b. 植保、化控

c. 植保、化控

d. 棉花打顶

e. 喷施脱叶催熟剂

f. 喷施脱叶催熟剂

图2-10 不同棉花生长进程采集的棉田图像

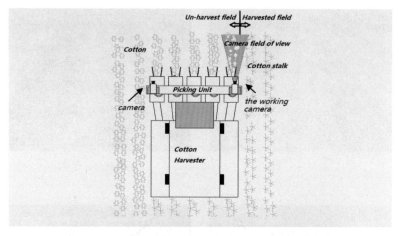

图2-11 采棉机工作示意及相机安装图

a. 右侧棉花已收获   b. 左侧棉花已收获

图2-12 收获时期的棉田图像

2.5 小结

本章主要介绍了棉田机械化生产过程视觉导航路径检测系统的软硬件构成及图像采集方案。硬件部分选用爱国者 T60 型和三星 NV3 数码相机和 Lenovo 昭阳 E46 型计算机，软件部分主要包括图像采集、图像处理、铺膜播种机视觉导航路径检测、棉花田管环节视觉导航路径检测、采棉机视觉导航路径检测模块等，并对各模块的功能进行介绍，同时通过对比研究，选用 DirectShow 技术实现视频采集。棉田图像采集方案主要介绍了棉花机械化生产过程、棉花生长进程，以及数码相机的安装方式、安装角度、工作速度等图像采集参数。

3　不同时期棉田目标颜色特征分析与识别

颜色特征是图像最直观而明显的特征，提取颜色特征是为了实现对环境颜色特征的正确描述和分类，为区域特征匹配和识别提供基础技术保障。彩色图像包含丰富的颜色信息，对颜色特征的表达依赖于所用的彩色模型。对于彩色图像来说，三维特征比灰度图像的一维特征具有更好的识别效果[98]。

棉花机械化生产过程中，播种、中耕、植保、收获等环节处于不同的季节，农田环境、天气、背景等因素都对导航目标特征的提取有显著的影响。本章主要通过对各种颜色空间及颜色特征提取方法进行分析研究，探讨适宜于棉花不同生产环节的目标颜色特征提取的方法，为棉花机械化生产过程导航路径的提取奠定基础。

3.1　常用的颜色空间及讨论

颜色模型[99]的用途就是在某些标准下，用通常可以接受的方式简化彩色规范。目前常用的颜色模型分为两类：一类是面向硬件设备的，如彩色监视器、打印机等，常用的为 RGB 颜色空间；另一类就是面向应用的。

3.1.1　常用颜色空间

目前常用的颜色空间有：RGB、XYZ、CIE L*a*b*、YUV、YIQ、HIS 等。以下分别对常用的颜色空间进行简单的介绍与分析。

3.1.1.1　RGB 颜色空间

RGB 颜色空间由红（R）、绿（G）、蓝（B）3 种颜色分量组成。

该模型是基于笛卡儿坐标系统，其彩色空间如图 3-1 所示。R、G、B 位于 3 个角上，黑色在原点处，白色位于离原点最远的角上。在该模型中，灰度等级沿着这两点的连线分布，不同的颜色位于立方体上或其内部，并可用从原点分布的向量来定义。图 3-1 所示的彩色立方体归一化后的颜色空间，所有的 R、G、B 的值都在 [0，1] 范围内取值。

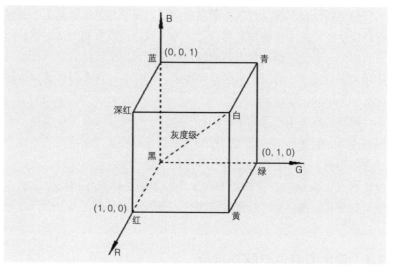

图 3-1 RGB 彩色立方体

RGB 颜色空间的主要缺点是不直观，从 RGB 值中很难知道该值所表示的认知属性。其次，RGB 颜色空间也是最不均匀的颜色空间之一，两个颜色之间的知觉差异不能表示为该颜色空间中两个色点之间的距离[100]。在图像处理的实际应用中，RGB 颜色空间的 R、G、B 分量之间具有高相关性（B–R：0.78，R–G：0.98，G–B：0.94）。此外，由于摄像机采集到的 RGB 值很容易受到环境光强和物体阴暗的影响[101]，且其获取色彩的方式和人眼对色彩的感觉方式不同，二者之间没有直接的联系，因此，RGB 颜色空间在图像处理领域中很少被用到。

3.1.1.2 XYZ 颜色空间[102]

1931 年 CIE（International Commission on Illumination）在 RGB 系统的基础上，改用三个设想的原色（X），（Y），（Z）建立了一个新的色度图——CIE1931 色度图，同时将匹配等能光谱各种颜色的三原色数值标准化，定名为"CIE1931 标准色度观察者光谱三刺激值"。这一系统叫做"CIE1931 标准色度学系统"或"1931CIE-XYZ 系统"。

为了使用方便，将 XYZ 颜色空间转换为麦克斯韦直角三角形，即国际通用的 CIE1931 色度图，如图 3-2。CIE1931 色度图仍保持 RGB 系统的基本性质与关系。

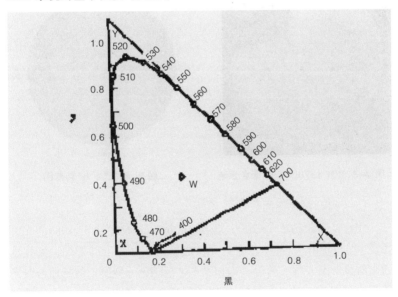

图 3-2　CIE1931 色度图

CIEXYZ 颜色空间是基于人的视觉模型，但其分量不能为观察者所识别，因此无法表达人的视觉心理。另外，CIE1931XYZ 色度系统也不是均匀的颜色空间，即人们对颜色差别的感知差异与色差的大小不是线性关系。

3.1.1.3 CIE L*a*b* 颜色空间 [102]

CIE1976L*a*b*空间又称为独立色坐标（如图 3-3 所示），是 CIE1976 年 CIE 推荐的一种比较理想的均匀色空间，它是把颜色按其所含红、绿、黄、蓝的程度来度量的。在 L*a*b* 表色空间中（如图 3-3 所示），L* 为亮度值；a* 代表红绿坐标，正时偏红，负时偏绿；b* 代表黄蓝坐标，正时偏黄，负时偏蓝（如图 3-4 所示）。

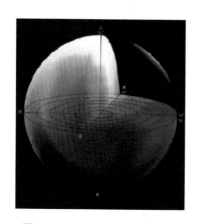

图 3-3 CIE1976L*a*b* 表色系统

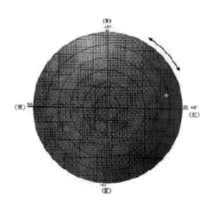

图 3-4 L*a*b* 色度图

3.1.1.4 HIS 颜色空间 [102]

HIS 模型包括 3 个分量：色调 H（hue），饱和度 S（saturation），亮度 I（intensity），其中色度 H 是颜色彼此相互区分的特性，也就是通常所说的红、绿、蓝等；饱和度 S 是指颜色的纯度，就是加入白光的多少；亮度 I 是光的强度。HIS 模型有两个特点：其一，I 分量与图像的彩色信息无关；其二，H 和 S 分量与人眼感受颜色的方式是紧密相连的。

HIS 颜色空间定义在圆柱坐标系的双圆锥子集上（如图 3-5 所示）。色度 H 由水平面的圆周表示，圆周上各点（0°~360°）代表光谱上各种不同的色调；饱和度 S 是颜色点与中心轴的距离，在轴上各点，饱和度为 0，在锥面上各点，饱和度为 1；光强度 I 的变化是从下锥顶点的黑色（0），逐渐变到上锥顶点的白色（1）。HIS 模型与 RGB 模型间的变换关系如下。

HIS 模型的 H、I、S 分量可以由式（3-1）、（3-2）、（3-3）来计算。

$$\begin{cases} H = W & B \leqslant G \\ H = 2\pi - W & B > G \end{cases}$$

其中，$W = \cos\left[\dfrac{(R-G)+(R-B)}{2\left[(R-G)^2+(R-B)(G-B) \right]^{\frac{1}{2}}} \right]$ （3-1）

$$S = 1 - \frac{3\min(R,G,B)}{R+G+B}$$ （3-2）

$$I = \frac{R+G+B}{3}$$ （3-3）

HIS 模型中，光强度不受其他颜色信息的影响，可减少光照强度变化所带来的影响。

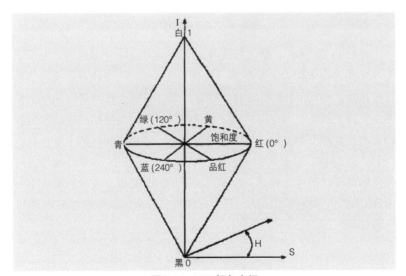

图 3-5 HIS 颜色空间

3.1.1.5 CMY 颜色空间

CMY 彩色模型[103]是彩色图像印刷行业使用的彩色空间（图 3-6），其中 C 代表青（Cyan）、M 代表品红（Magenta），Y 代表黄（Yellow）。在彩色立方体中它们是红、绿、蓝的补色，称为减色基，而红、绿、蓝为加色基。

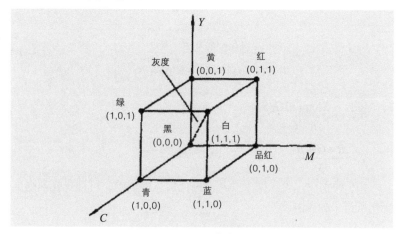

图 3-6　CMY 颜色空间

在 CMY 模型中，颜色是从白光中减去一定成分得到的。一个不能发光波的物体称为无源物体，它的颜色由该物体吸收或者反射哪些光波决定，使用 CMY 相减混合模型。彩色印刷或彩色打印的纸张是不能发射光线的，因而印刷机或彩色打印机就只能使用一些能够吸收特定的光波而反射其他光波的油墨或颜料。油墨或颜料的三基色是青色对应蓝绿色；品红对应紫红色。理论上说，任何一种由颜料表现的色彩都可以用这三种基色按不同的比例混合而成，这种色彩表示方法称 CMY 色彩空间表示法。彩色打印机和彩色印刷系统都采用 CMY 色彩空间。

3.1.1.6 YUV 和 YIQ 颜色空间

在现代彩色电视系统中，通常采用三管彩色摄像机或彩色 CCD

摄像机，把摄得的彩色图像信号，经过分色、放大和校正得到 RGB 三基色，再经过矩阵变换得到亮度信号 Y 和两个色差信号 U（R-Y）、V（B-Y），最后发送端将亮度和两个色差信号分别进行编码，用同一信道发送出去。这就是通常所用的 YUV 彩色空间。

电视图像一般都是采用 Y、U、V 分量表示，其亮度和色度是分离的，解决了彩色和黑白显示系统的兼容问题。如果只有 Y 分量而没有 U、V 分量，那么所表示的图像是黑白灰度图像。

PAL 彩色电视制式中使用 YUV 模型，其中 Y 表示亮度信号，U、V 表示色差信号，UV 构成彩色的两个分量。NTSC 彩色电视制式中使用 YIQ 模型，其中 Y 表示亮度，I、Q 是两个彩色分量。由于亮度信号（Y）和色度信号（U，V）是相互独立的，也就是 Y 信号分量构成的黑白灰度图与用 U、V 信号构成的另外两幅单色图是相互独立的。由于 Y，U，V 是独立的，所以可以对这些单色图进行独自编码，黑白电视机能够接收彩色电视信号就是利用了 YUV 分量之间的独立性。

3.1.1.7 $I_1I_2I_3$ 颜色空间

$I_1I_2I_3$ 颜色空间 [104] 由强度信号 I_1 和两个色差信号 I_2、I_3 来描述，其中 I_1 是最佳特征，I_2 次之，只用 I_1 和 I_2 作为特征对大多数图像已可以得到较好的分割效果，在分割质量和变换运算的复杂性方面更为有效。

$I_1I_2I_3$ 颜色空间与 RGB 颜色空间的转化公式为：

$$
\begin{aligned}
I_1 &= \frac{1}{3}(R+G+B) \\
I_2 &= R-B \\
I_3 &= (2G-R-B)/2
\end{aligned}
\qquad (3-4)
$$

3.1.2 颜色空间的讨论 [105]

不同的颜色空间之间存在相互的联系，通过一定的数学关系，可以实现从 RGB 颜色空间转换到其他彩色特征的颜色空间，主要的方式有线性变换和非线性变换。有些彩色模型可以实现直接的变换，如 RGB 和 HIS，RGB 和 YIQ，CIEXYZ 和 CIE L*a*b*；有些颜色空间需要通过借助其他颜色空间进行过渡，才能实现转换，如 RGB 和 CIE L*a*b*，HIS 和 CIEXYZ。

目前已经有很多颜色空间用于彩色图像处理，如 RGB,HIS,CIE 等，但无论哪一种都无法替代其他彩色空间而适用于所有彩色图像处理，选择最佳的彩色空间是彩色图像处理的一个难题[106]。

常用颜色空间的特点比较如表 3-1 所示。

表 3-1 常用颜色空间特点比较

颜色空间	优点	缺点
RGB	便于显示，具有更大的设备独立性	不直观、不均匀、高度相关性、受光照等外界环境影响大，不适合彩色图像处理
XYZ	基于人的视觉模型构建	非线性变换，不均匀
CIE L*a*b*	能够独立的控制色彩信息和亮度信息；能够直接用彩色空间的欧氏距离比较不同色彩；有效地用于测量小的色差	非线性变换，存在奇异点
HIS	基于人眼的色彩感知；光强度不受其他颜色信息的影响，可减少光照强度变化所带来的影响	非线性变换，具有奇异性和不稳定性
CMY	理论上，按不同的比例混合可以调制成任何一种颜料的色彩	多用于彩色打印机和彩色印刷系统等
YUV	有效用于欧制电视信号的彩色信息编码；部分消除 RGB 的相关性；计算量小	线性变换，仍具有相关性，但不如 RGB 高
YIQ	有效用于美制电视信号的彩色信息编码；部分消除 RGB 的相关性；计算量小；Y 适用于边缘检测	线性变换，仍具有相关性，但不如 RGB 高
$I_1I_2I_3$	部分消除 RGB 的相关性；计算量小；有效提高图像分割质量	线性变换，仍具有相关性，但不如 RGB 高

在棉花生产全过程中，涉及播种、中耕植保、收获等不同时期的多个环节，棉田环境从裸露的地表、覆盖的地膜、弱小的棉苗到绿油

油的棉田、白色的棉海（收获期的棉花），中间目标特征因时间、天气、光照等影响而展现出不同的特性，总体来说棉田环境十分复杂，在选择颜色模型时要考虑颜色模型的通用性以及应用的广泛性。

RGB 颜色空间是面向硬件的颜色模型，直接感知颜色的 R、G、B 三个分量，同时其他颜色模型也可基于 RGB 颜色模型进行直接或间接的转换，同时利用图像 R、G、B 分量组合的颜色指标也可以提取不同棉花生产时期的目标特征，因此本书选择利用 RGB 颜色空间。

3.2　彩色图像颜色特征提取方法

在彩色图像的颜色特征提取方面，主要有颜色直方图、灰度直方图、垂直累计分布图等方法。

3.2.1　颜色直方图

颜色直方图是表示图像中颜色分布的一种方法，反映的是图像中颜色分布的统计值。它的横轴表示颜色值，纵轴表示具有相同颜色值的像素个数在整幅图像中所占的比例，直方图颜色空间中的每一个刻度表示了颜色空间中的一种颜色。

对于彩色图像而言，不仅可以做其总的直方图，而且可以对其三个分量分别做直方图；直方图所反映的图像间的特征相似性比较简单，但不能反映图像中对象的空间特征；直方图中没有原始图像的空间信息，只能反映某一颜色值（或灰度值）像素所占的比例。颜色直方图计算简单，而且具有尺度、平移以及旋转不变性，目前在计算机图像检索方面应用广泛。图 3-7 为棉花铺膜播种时期的所采集图像的 RGB 直方图及各分量直方图。

3.2.2　灰度直方图[96]

图像的灰度直方图描述了图像各灰度值的统计特性，显示了各个灰度级出现的次数和概率。灰度直方图的横坐标表示图像的灰度值 $k \in (0, L)$，L 为图像的灰度级数；纵坐标为该灰度值 k 在图像中出

a. 原始图像

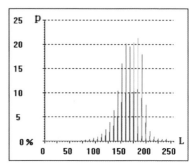

b. RGB 直方图

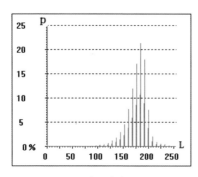

c. R 分量直方图

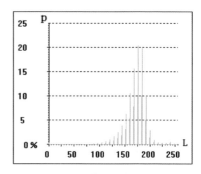

d. G 分量直方图

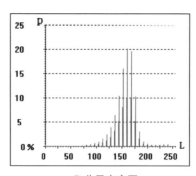

e. B 分量直方图

图 3-7 RGB 直方图及各分量图

现的频率 $p(k)=N_k/M$，其中 N_k 为当前图像灰度值为 k 的像素个数，M 为图像中像素总数。因此 $p(k)$ 是一个在 $[0,1]$ 区间的随机数，代表了区域的概率密度函数，且有 $\sum\limits_{k=0}^{L} p(k)=1$。

直方图是对整幅灰度图像的一个全局描述，在实际应用中，把整个直方图作为特征通常没有必要，而是从直方图中提取出一阶统计测度作为类别间的特征差异，如均值、方差、偏度、能量、熵等[107]。在图像的灰度空间，其直方图的计算方式也可应用于彩色图像的各自颜色分量的统计。图 3-8 为棉花铺膜播种时期的所采集图像的灰度直方图。

 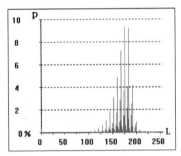

a. 灰度图像   b. 灰度直方图

图 3-8 为图 3-7 原始图像的灰度图及其灰度直方图

3.2.3 灰度值累计分布图

灰度值累计分布图就是将图像中具有相同坐标（X 坐标或 Y 坐标）的像素点的灰度值进行累加，从而获得 X 方向（或 Y 方向）的灰度值累计分布图，也叫做垂直累计分布图（水平累计分布图）。垂直累计分布图中，横坐标表示图像 X 方向的位置信息，纵坐标表示累加的灰度值信息。

灰度值累计分布图是一个一维函数：

$$I(x_i) = \sum_{j=0}^{ysize-1} I(x_i y_j) \qquad (3-5)$$

$$I(y_j) = \sum_{i=0}^{xsize-1} I(x_i y_j) \qquad (3-6)$$

$I(x_i)$ 是图像在 x_i 处 y 方向各像素点灰度值的累加，$I(y_j)$ 是图像在 y_j 处 x 方向各像素点灰度值的累加。其中 $i \in [0, xize-1]$，$j \in [0, ysize-1]$，$xize$、$yszie$ 分别为图像的长度和宽度。

通过累计分布图，有利于确定图像中灰度信息的变化的具体位置，在边缘、分界线等检测方面运用比较广泛，同时累计分布图的计算方式也可应用于彩色图像中各自颜色分量的统计，如图 3-9 所示，可以从图中看出在图像的 X 方向上，R、G、B 各分量值累计分布情况。

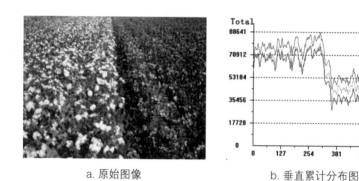

a. 原始图像　　　　　　　　b. 垂直累计分布图

图 3-9　采棉机收获图像及垂直累计分布直方图

3.3　棉花播种期颜色特征分析与识别

棉花播种时期，为确保播行笔直，一般依靠驾驶员主要根据划行器在棉田中划下的痕迹来控制拖拉机的行走方向，因此，在基于图像识别技术检测导航路线时，其主要目标特征就是划行器所划的痕迹，只要检测出的路线与痕迹相吻合，这样既可确保播种机的播行笔直。

图 3-10 为铺膜播种机作业所采集的图像，从图 3-10a 中可以看

出，播种时期，棉田地面平整，地面上划行器所划痕迹清晰。但在播种期，部分地块由于前茬作物中留有根茬、残膜以及由于扬沙天气的影响，可能会削弱所采集的图像中的痕迹，因此需进行平滑及目标特征增强等方面的处理，以确保目标特征明显。

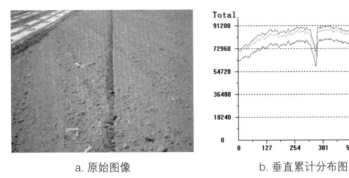

a. 原始图像　　　　　　b. 垂直累计分布图

图 3-10　铺膜播种机作业时图像及垂直累计分布图

兵团棉田的土壤类型主要是草甸土、灰漠土、棕钙土、黄潮土、沼泽土等。在播种期，由于是裸露地面，棉田图像的颜色特征与土壤类型有直接关系。图 3-10b 是图 3-10a 的 R、G、B 各分量的垂直累计分布图，从图中可以看出在播种期，R、G、B 分量的分布总体较为平稳，但在划行器的所划的痕迹附近（图 3-10b 中横坐标 340 附近，即原始图像中的划行器所划痕迹处），各分量明显发生跳动。

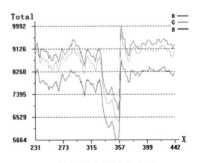

a. 原始图像　　　　　　b. 区域垂直累计分布图

图 3-11　铺膜播种机作业时图像及垂直累计分布图

图 3-11b 是图 3-11a 中红色标记区域内的垂直累计分布图，即为划行器所划痕迹附件的垂直累计分布图。从图 3-11b 中可以看出，在局部区域内垂直累计分布图中 R、G、B 分量发生明显跳动，其中图像横坐标 320~360 区域即为原始图像中的划行器所划痕迹区域。同时从图 3-11b 中 R、G、B 分量的变化趋势中可以看出，在划行器所划痕迹的沟墙处，变化趋势急促，而在痕迹区域的翻土区，变化趋势偏缓。

因此，在检测铺膜播种机的视觉导航路线时，可以通过识别划行器所划痕迹区域的颜色变化特征，从而识别导航目标——划行器所划痕迹。

3.4　棉花田管阶段颜色特征分析与识别

进行棉花田管作业时，首要保证就是作业机械要按照棉行进行作业，确保作业机械不压苗、不伤苗。棉花田管阶段由于棉花处于不同的生长进程，棉花植株、棉叶、棉桃等特征以及棉田的裸露情况、不同季节的天气等差异明显，因此，导航路径的目标特征的选取以及相应的图像检测方法也不尽相同。本书根据棉花的生长进程，将棉花田管阶段分为幼苗期、现蕾期、花铃期、吐絮期等四个阶段进行导航目标特征分析研究，从而为不同时期棉花田管作业时导航路线的提取奠定基础。

3.4.1　幼苗期

棉花幼苗期主要是指棉花从出苗到棉花主茎高度达到 15cm 左右，主茎叶片数 5 片。棉花在幼苗期主要有中耕、破板结、化控等田管作业环节。

为了探讨幼苗期的导航目标特征，可把幼苗期分作出苗期和壮苗期两个阶段。出苗期主要是指棉花从出苗到有 2 片真叶的生长周期；壮苗期主要指棉花从 2 片真叶开始到幼苗期结束。由于在出苗期和壮苗期，导航目标特征存在差异，下面分开进行讨论。

（1）出苗期。

棉花出苗期，棉田图像中主要包含有地膜、棉花子叶或真叶、土壤等。在出苗期，主要田间作业有破板结、划行除草等。

图3-12a是棉花出苗时期进行划行除草作业时采集的棉田图像。从图中可以看出，土壤及地膜是图像中的主要特征，而由于棉苗比较弱小，且作业速度快，因此采集图像中棉苗特征不太明显。

图3-12b是图3-12a的R、G、B分量的垂直累计分布图。从图中可以看出，在裸露的地膜区域以及棉行间的土壤区域，垂直累计分布图比较平缓，而在地膜中间的棉行上，由于播种时在种穴上留有均匀的覆土，在垂直累计分布直方图（横坐标320附近，即为棉行区域）上，可以清晰地看到颜色发生变化。

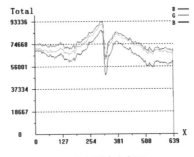

a. 原始图像　　　　　　　　　　b. 垂直累计分布图

图3-12　出苗期棉田图像及垂直累计分布图

图3-13b是图3-13a中红色标记区域内的垂直累计分布图，即地膜上中间棉行附近的区域累计分布图。从图中可看出，在区域内的，棉行两侧是地膜区域，其累计分布直方图变化平缓，而在棉行附近，由于存在棉苗、覆土等目标特征，垂直累计分布图出现剧变，形成波谷区域，即横坐标320~350区域，为棉行及覆土区域。

通过对采集的大量图像进行分析研究，发现该时期的棉田图像都具有类似的特征表现，因此，在检测出苗期的视觉导航路线时，可以通过识别地膜中央的棉行及覆土等的颜色变化特征来实现。

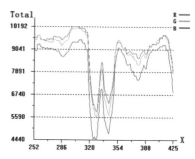

a. 原始图像   b. 区域垂直累计分布图

图 3-13　出苗期棉田图像及垂直累计分布图

（2）壮苗期。

在棉花壮苗期，棉田图像中主要包括棉苗、棉叶、地膜和土壤等，主要的田管作业是化控、植保等。

图 3-14a 是壮苗期棉花田管作业时的棉田图像，从图中可以看出，棉苗已经连续成行，但由于棉叶覆盖面尚小，地膜及土壤仍大面积的裸露。

图 3-14b 是图 3-14a 的 R、G、B 分量垂直累计分布图，从图中可以看出，地膜及土壤区域的各分量的累计值偏大，而在棉苗区域，各分量值明显偏小。

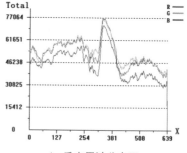

a. 原始图像   b. 垂直累计分布图

图 3-14　壮苗期棉田图像及垂直累计分布图

图 3-15b 是图 3-15a 中红色标记区域的垂直累计分布图，即棉苗附近的区域垂直累计分布图。从图中可以看出，棉苗区域的 R、G、B 分量的垂直累计分布图比地膜区域的垂直累计分布图相比形成波谷，即横坐标 280~330 的区域内，为图像中间位置的棉苗区域。

a. 原始图像

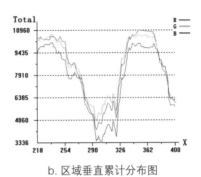

b. 区域垂直累计分布图

图 3-15 壮苗期棉田图像及垂直累计分布图

通过对采集的大量图像进行分析研究，发现该时期的棉田图像都具有类似的特征表现，因此在检测壮苗期的视觉导航路线时，可以通过识别棉苗行列线特征及棉苗行的颜色特征变化来实现。

3.4.2 现蕾期

棉花在现蕾期主要有施肥、化控等田管作业环节。进行田管作业时，主要依靠人工目测棉行从而控制拖拉机行走方向，确保拖拉机及作业机具工作时不伤苗、不压苗。

图 3-16a 是棉花现蕾期进行化控作业时采集的棉田图像，从图中可以看出，现蕾期的棉田主要有棉株、棉叶、地膜及土壤等目标特征。此时的棉花植株的覆盖面积正在稳步增大，而裸露的地膜和土壤表面逐渐减少。

图 3-16b 是图 3-16a 的 R、G、B 分量垂直累计分布直方图。从图中可以看出，土壤、地膜、棉花等目标特征仍然分区域分布，而在棉花区域，其累计分布直方图发生突变。

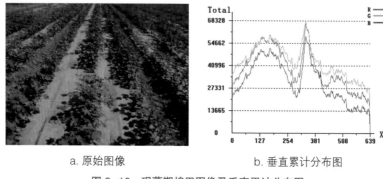

a. 原始图像   b. 垂直累计分布图

图 3-16 现蕾期棉田图像及垂直累计分布图

图 3-17b 是图 3-17a 中红色标记区域的垂直累计分布图，即棉苗附近的区域垂直累计分布图。从图中可以看出，棉苗区域的 R、G、B 分量的垂直累分布图比地膜区域的垂直累计分布图相比形成波谷，即横坐标 250~330 的区域内，为图像中间位置的棉苗区域，且波谷区域比壮苗期的波谷区域范围增大。

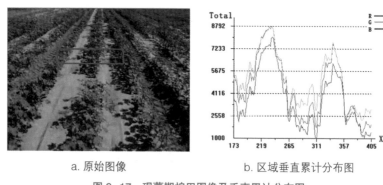

a. 原始图像   b. 区域垂直累计分布图

图 3-17 现蕾期棉田图像及垂直累计分布图

通过对采集的大量图像进行分析研究，发现该时期的棉田图像都具有类似的特征表现，因此在检测现蕾期的视觉导航路线时，可以通过识别棉苗行列线特征、棉苗行的颜色特征变化以及棉苗的行间特征（地膜区域）等来实现。

3.4.3 花铃期

棉花花铃期主要有化控、植保、打顶等田管作业环节。进行田管作业时，也是主要依靠人工目测棉花行从而控制拖拉机行走方向，确保拖拉机及作业机具工作时不伤棉铃、不压棉株。

图 3-18a 是棉花花铃期进行植保作业时采集的棉田图像，从图中可以看出，植保期的棉田主要有棉株、棉叶、地膜、土壤等目标特征，此时的棉花植株的覆盖面积稳步增大，而裸露的地膜和土壤表面积逐渐减少。

图 3-18b 是图 3-18a 的 R、G、B 分量垂直累计分布直方图。从图中可以看出，土壤、地膜、棉花等目标特征仍然分区域分布，而在棉花区域，其累计分布直方图发生突变。

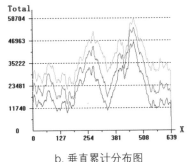

a. 原始图像　　　　　　　b. 垂直累计分布图

图 3-18　花铃期棉田图像及垂直累计分布图

图 3-19b 是图 3-19a 中红色标记区域的垂直累计分布图，即棉苗附近的区域垂直累计分布图。从图中可以看出，棉苗区域的 R、G、B 分量的垂直累分布图比地膜区域的垂直累计分布图相比形成波谷，即横坐标 280~400 的区域内，为图像中间位置的棉花区域，且波谷区域比现蕾期的波谷区域范围增大。

通过对采集的大量图像进行分析研究，发现该时期的棉田图像都具有类似的特征表现，因此在检测花铃期的视觉导航路线时，可以通

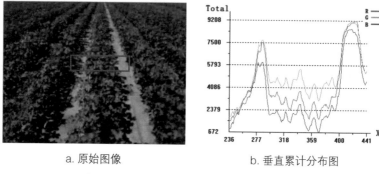

a. 原始图像   b. 垂直累计分布图

图 3-19　花铃期棉田图像及垂直累计分布图

过识别棉苗行列线特征、棉苗行的颜色特征变化以及棉苗的行间特征（地膜区域）等来实现。

3.3.4　吐絮期

棉花吐絮期的主要机械化作业就是喷施脱叶催熟剂，时间一般在9月10日前后。机具作业过程中，也是主要依靠人工寻找棉行从而控制拖拉机行走方向，确保拖拉机及作业机具工作时不挂落棉花、不压棉花。

图 3-20a 是棉花吐絮期喷施脱叶催熟剂时采集的棉田图像，从图中可以看出，植保期的棉田主要有棉株、棉叶、棉花、棉桃等目标特征，此时的棉花植株已经将棉田完全覆盖。

图 3-20b 是图 3-20a 的 R、G、B 分量垂直累计分布直方图。从图中可以看出，此时的各分量累计分布图已无规律可言，只是棉花开花多的区域，分量累加值大，反之则小。

图 3-21b 是图 3-21a 中红色标记区域的垂直累计分布图。从图中可以看出，R、G、B 各分量的垂直累计分布图也无明显的规律。

通过对采集的大量图像进行分析研究，吐絮期的棉花的目标特征无明显的规律分布；同时在采集图像时发现，人工驾驶拖拉机进行喷施脱叶催熟剂作业时，也很难寻找到准确的路径。因此，吐絮期的棉花进行机械化作业时，不适宜于应用视觉导航。

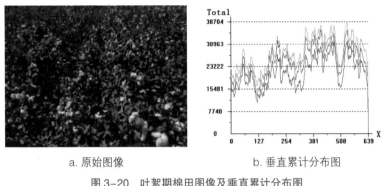

a. 原始图像　　　　　　　b. 垂直累计分布图

图 3-20　吐絮期棉田图像及垂直累计分布图

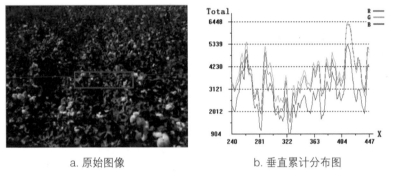

a. 原始图像　　　　　　　b. 垂直累计分布图

图 3-21　吐絮期棉田图像及垂直累计分布图

3.5　棉花收获期颜色特征分析与识别

采棉机在田间进行棉花采收作业时，主要依靠人工进行目测已收获区域和未收获区域的分界线来控制采棉机的行走方向。

图 3-22a、图 3-22c 是采棉机作业时采集的图像。其中图 3-22a 是左侧的棉花已经收获，图 3-22c 是右侧的棉花已经收获。原图像中主要有棉花（白色）、棉叶（绿色或暗红色）、棉秆（绿色或暗红色）及杂草（绿色）等。由于摄像机安装位置的关系，在接近采棉机采摘头的位置，棉花的行间多为棉叶、棉秆、杂草等，并且有棉花植株的阴影，图像中 R、G、B 三个分量之间没有明显的分布规律。

图 3-22b、图 3-22d 是对应的图 3-22a、图 3-22c 原图像的 R、G、B 分量的垂直累计缝补直方图。从图中可以看出，各分量的分布图在已收获区域和未收获区域的分界线出都发生跳跃。一般未收获区域的 R、G、B 各分量的垂直方向上的累加值偏大，而已收获区域的 R、G、B 各分量的垂直方向上的累加值偏小，且各分量的累计分布图在相对的区域内分布比较稳定，而区域分界处发生明显变化。

a. 原始图像，左侧已收获　　　　b. 图 a 垂直累计分布图

c. 原始图像，右侧已收获　　　　d. 图 c 垂直累计分布图

图 3-22　收获期棉田图像及垂直累计分布图

图 3-23b、图 3-23d 是图 3-23a、图 3-23c 中红色标记区域的垂直累计分布图，即棉花已收获区域与未收获区域分界线处的垂直累计分布图。从图中可以看出，棉花已收获区域的 R、G、B 分量的垂直方向的累加值比未收获区域的累加值来说偏小，且棉行间的累加值

最小，属于波谷区域，同时在已收获与未收获区域的分界线处，累计分布图明显跳跃，而且从波谷向波峰的上升沿即为未收获区的边缘点。

通过对采集的大量图像进行分析研究，收获期的棉花田图像都具有相类似的特征，因此检测采棉机的视觉导航路线时，可以通过检测已收获区与未收获区的分界处的目标特征来实现。

a. 原始图像，左侧已收获   b. 图 a 区域垂直累计分布图

c. 原始图像   d. 图 c 区域垂直累计分布图

图 3-23 收获期棉田图像及垂直累计分布图

3.6 小结

本章节首先介绍了 RGB、HIS、CIE $L^*a^*b^*$ 等常用的颜色空间，并对其适用范围及优缺点进行了分析，最终选择 RGB 颜色空间作为

研究的颜色模型；同时对颜色特征的提取方法进行了介绍，提出灰度值累计分布图的概念；而后基于灰度值累计分布图对棉花播种时期、田管时期及收获时期的棉田目标特征进行了分析研究，阐明了在不同时期提取视觉导航路线时可以利用的目标特征，为后续的视觉导航路线的提取奠定了基础。

4 视觉导航候补点集群提取算法研究

点特征是图像最基本的特征之一，表征邻域局部特性的位置度量，是具有一定特征的局部区域的位置标识，它在影像匹配、目标描述与识别、运动估计、目标跟踪等方面具有十分重要的意义。特征点分狭义特征点和广义特征点两种。狭义特征点是针对点本身来定义的，它的位置本身具有常规的属性意义，通常指那些灰度信号在二维方向上有明显变化的像素点，包括角点（corners）、交叉点（junction points）、明显点（dominate points）、圆点（blob–like points）等[108-109]。广义特征点是基于区域定义的，其本身的位置不必备特征意义，只代表满足一定特征条件的特征区域的位置，可以是某个特征区域的中心、重心或特征区域的任意一个相对位置，从本质上说广义特征点可以认为是一个抽象的特征区域，其属性就是特征区域具备的属性，称其为点，是将其抽象为一个位置概念[110]。

在视觉导航路径检测过程中，候补点的提取是视觉导航路径检测的基础，是后续拟合导航路径的前提。候补点一般处于农田机械化作业过程中不同区域的分界边缘、苗列中心线等位置，候补点属于狭义上的特征点。在"3 不同时期棉田目标颜色特征分析与识别"中，已经针对棉花机械化生产过程中的播种、田管、收获等环节的视觉导航路径的目标特征进行了分析研究，本章节主要对候补点集群的提取算法进行研究并对进行试验验证分析，从而为导航路径的拟合奠定基础。

4.1 基于色差模型的图像灰度化

RGB 彩色图像由 R、G、B 等 3 个分量图像组成，当外界光照条件发生变化时，R、G、B 各分量值也随之发生变化（表 4–1）。图像灰度化就是使彩色的 R、G、B 分量值相等的过程。灰度化常用的处理方法主要 3 种：最大值法、平均值法以及加权平均法。

表 4–1　常用的灰度处理方法比较表

灰度化处理方法	公　式	特点	缺点
最大值法	$R=G=B=\max(R,G,B)$	灰度图像亮度高	将不同目标特征颜色值转换成相同的灰度值，丢失目标特征颜色信息
平均值法	$R=G=B=(R+G+B)/3$	灰度图像比较柔和	
加权平均法	$Y=0.30R+0.59G+0.11B$	灰度图像相对合理、适宜于人眼观察	

在棉花不同生育阶段，棉田内的目标特征都会发生相应的变化，常规的灰度化处理方法，容易造成目标特征的信息丢失，因此必须探寻新的灰度化处理方法，以适应不同生长阶段棉田视觉导航目标的提取。

4.1.1　色差模型

颜色分量运算可增强目标的显示特性[111]，图像中 RGB 分量线性组合构成的候选特征集具有特定颜色特征增强能力[112]，在强光下 R–G 用来提取目标，而在阴影下用 $2G$–B 提取目标。此外还有 R、G、B 单一分量、$(R+G+B)/3$ 组合、近似色度特征（如 R–B）和过量颜色特征（如 $2G$–R–B）等分量线性组合在文献中经常提到。本书通过对棉花生产过程中不同时期的棉田特征进行分析，采用如下颜色分量组合对图像进行灰度化。

（1）R、G、B 单一分量。

在铺膜播种时期及棉花的幼苗期（出苗期阶段），棉田环境相对比较单一，通过 R、G、B 单一分量的灰度图像中亮度信息累计分布图，即可寻找到目标特征。

（2）$2R$-G-B 颜色模型。

在棉花的幼苗期（壮苗期阶段）、现蕾期及花铃期，棉田的主要颜色特征就棉叶的绿色，因此绿色特征就是视觉导航的主要目标特征。2G–R–B 颜色模型是一种超绿灰度化因子，可以加到绿色植物的权重，突出目标植物的绿色特性，增强目标和背景的对比度。

2G–R–B 颜色模型的计算公式见（4–1）。

$$ExG_1(x,y)=\begin{cases}2G(x,y)-R(x,y)-B(x,y) & 当 2G>R+B 时\\0 & 其他\end{cases}\quad（4–1）$$

式中，$ExG_1(x,y)$ 是灰度化因子；$R(x,y)$、$G(x,y)$、$B(x,y)$ 分别为 R、G、B 各分量矩阵。

（3）3B-R-G 颜色模型。

在棉花收获期，视觉导航的主要目标特征就是白色的棉花，因此需要对白色特征进行增强，而抑制削弱棉秆、棉叶等其他目标的特征信息。3B–R–G 颜色模型可有效增强棉田中白色目标物的权重，突出目标特征，增强目标与背景的对比。

3B–R–G 颜色模型的计算公式见（4–2）。

$$ExG_2(x,y)=\begin{cases}3B(x,y)-R(x,y)-G(x,y) & 当 3B>R+G 时\\0 & 其他\end{cases}\quad（4–2）$$

式中，$ExG_2(x,y)$ 是灰度化因子；$R(x,y)$、$G(x,y)$、$B(x,y)$ 分别为 R、G、B 各分量矩阵。

4.1.2　实验结果与分析

（1）基于单分量颜色模型的播种期图像特征。

图 4–1 为棉花播种时期进行铺膜播种作业时所采集的图像及其 R、G、B 的分量图像，并对图中红色区域的灰度值进行垂直累计分布统计。

图 4–1b 为图 4–1a 原图像中的垂直累计分布图，从图中可以看出，R 分量最大，G 分量次之，B 分量最小，且在划行器所划痕迹处，垂直累计分布图的波动特征明显。

a. 原图像

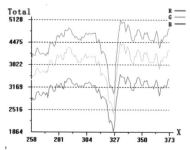

b. 区域垂直累计分布图

c. R 分量图像

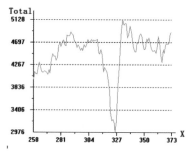

d. R 分量区域垂直累计分布图

e. G 分量图像

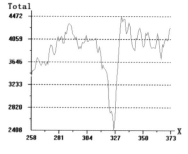

f. G 分量区域垂直累计分布图

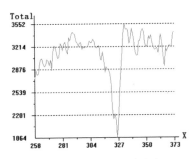

g. B 分量图像   h. B 分量区域垂直累计分布图

图 4-1　棉花播种期图像单分量颜色特征对比

图 4-1c、图 4-1e、图 4-1f 分别为图 4-1a 的 R、G、B 的分量图像，图 4-1d、图 4-1f、图 4-1h 分别为对应图像的区域垂直累计分布图。从图中可以看出，各分量图像上的划行器所划痕迹明显，且在分量图像的垂直累计分布图上也波动特征也十分明显。

通过分析，在棉花播种时期进行导航路径检测时，选用 R 分量对图像进行灰度化。

（2）基于 $2G$-R-B 颜色模型的棉花田管期图像特征分析。

图 4-2 是棉花在不同生长进程时期进行田管时的图像及其利用 $2G$-R-B 颜色模型进行灰度化的图像。

图 4-2a 是棉花幼苗期（出苗期）时采集图像，图 4-2b 是利用 $2G$-R-B 灰度化后的图像，从图中可以看出，棉苗的行列的目标特征不是十分明显，这是因为此时期棉苗幼小，地面和覆膜为棉田的主要特征，绿色尚不是棉田的主要特征。在"3 不同时期棉田目标颜色特征分析与识别"中的 3.4.2 中曾提出，可以利用棉苗附近的垂直累计分布图的变换来提取导航目标特征，因此在进行幼苗期的棉田图像灰度化时，选取单分量颜色模型。

图 4-2c 棉花幼苗期（壮苗期）时采集的图像，图 4-2d 是利用 $2G$-R-B 灰度化后的图像，从图中可以看出，经过图像灰度化后，棉苗的区域的绿色特征被明显强化，而在棉苗行间区域的覆膜等特征被弱化，且棉苗行的边缘特征保留完好。

图 4-2e、图 4-2g 为棉花现蕾期及花铃期时采集的图像，图 4-2f、图 4-2h 是利用 2G-R-B 灰度化后的图像，从图中可以看出，经过图像灰度化后，棉苗的区域的绿色特征被明显强化，而棉苗行间的覆膜及阴影特征被弱化，且棉苗区域的边缘特征保持完好，同时图像中的噪声也被有效抑制。

a. 出苗期图像　　　　　　　　　b. 2G-R-B 灰度化

c. 壮苗期图像　　　　　　　　　d. 2G-R-B 灰度化

e. 现蕾期图　　　　　　　　　f. 2G-R-B 灰度化

g. 花铃期图像   h. 2*G*–*R*–*B* 灰度化

图 4-2 棉花田管期图像及 2*G*–*R*–*B* 灰度化图像

（3）基于 3*B*–*R*–*G* 颜色模型的棉花收获期图像特征分析。

图 4-3 是在棉花收获期采棉机进行采收作业时采集的图像及其利用 3*B*–*R*–*G* 颜色模型进行灰度化的图像。

图 4-3a 是采棉机工作时采集的原图像，图 4-3b 是利用 3*B*–*R*–*G* 灰度化后的图像，从图中可以看出，经过图像灰度化后，图像中棉花的白色颜色特征被增强，棉花的形状特征保存完好，收获区与未收获区分界处的边缘特征明显，且棉花行间的阴影、枝叶等噪声影响得到有效的抑制。

a. 收获期图像   b. 3*B*–*R*–*G* 灰度化

图 4-3 棉花收获期图像及 3*B*–*R*–*G* 灰度化图像

4.2 图像平滑处理

图像平滑处理的目的是抑制或消除图像中的噪声，提高图像的额质量，目前图像平滑滤波算法的研究是图像预处理研究的热点问题，其关键技术问题是在滤除噪声的同时，保持图像完整的轮廓及边缘信息，并且确保图像的视觉效果。目前常用的平滑滤波方法有移动平均法、中值滤波及小波平滑等。

4.2.1 移动平均法

移动平均法是典型的线性滤波，是最简单的消除噪声的方法，采用的主要方法是邻域平均法，其基本原理就是用均值代替原图像中的目标像素值，即对待处理的当前像素点。如图4-4所示，用某像素周围 3×3 邻域范围的平均值置换该像素值。

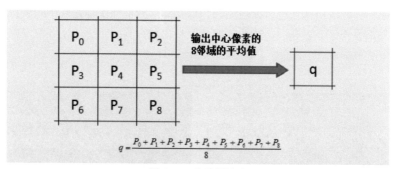

$$q = \frac{P_0 + P_1 + P_2 + P_3 + P_4 + P_5 + P_6 + P_7 + P_8}{8}$$

图4-4　移动平均法

该算法通过使图像模糊，达到看不到细小噪声的目的，但在去除图像噪声的同时也破坏了图像的细节部分，从而使图像变得模糊，不能很好地去除噪声点。

4.2.2 中值滤波

中值滤波[113]是一种非线性平滑滤波，它将每一像素点的灰度值设置为该点某邻域窗口内的所有像素点灰度值的中值，从而消除孤立的噪声点。

中值滤波就是对滤波窗口内所有像素的灰度值进行排序，然后将排序结果的中间值作为原窗口中心像素的灰度值，可以表示如式（4-3）。

$$Y_{i,j} = MedianX_{i,j} = Median[X_{i+m,j+n}] \quad (m,n) \in W \qquad (4-3)$$

式中，$\{X_{i,j}(i,j) \in Z^2\}$，W 为平面窗口，m 和 n 分别为窗口水平和垂直尺寸，$X_{i,j}$ 为处理图像平面上的像素点，其坐标为 (i,j)。$Y_{i,j}$ 为以 $X_{i,j}$ 为中心的窗口 W 所包含范围内像素点灰度的中值，即中值滤波的输出值。

中值滤波在一定的条件下可以克服移动平均滤波导致图像细节模糊的问题，并且对滤除图像椒盐噪声和脉冲干扰最为有效，同时可以有效保护图像的边缘信息。中值滤波在光学测量条纹图像的相位分析处理中有特殊作用，但在条纹中心分析中作用不大。

4.2.3 Daubechies 小波

多贝西小波（Daubechies Wavelet）[114] 是英格丽·多贝西（Ingrid Daubechies）在 1988 年发明的一种具有高阶消失矩的紧支撑正交小波，主要应用在离散型的小波转换，通常使用在数位信号分析、信号压缩和噪声去除。

小波的消失矩：

形如 $\int_{-\infty}^{+\infty} t^k \psi(t) dt$ 形式的积分称为函数 $\psi(t)$ 的矩。如果 $\int_{-\infty}^{+\infty} t^k \psi(t) dt = 0$，$k=0,1,2...,p-1$，$p \geq 1$，而 $\int_{-\infty}^{+\infty} t^p \psi(t) dt \neq 0$，则 $\psi(t)$ 的前 p 个矩消失了（为零），则称 $\psi(t)$ 有 p 阶消失矩。小波函数至少有 1 阶消失矩。

通过对消失矩条件约束，Daubechies 给出了构造 p 阶消失矩紧支撑正交小波的充分条件：

① $\sum_k h_k h_{k+2n} = \delta_{0,n}$

② $\sum_k h_k = \sqrt{2}$

③ p 阶消失矩条件

$$\hat{h}(\omega) = \sqrt{2}(\frac{1+e^{-i\omega}}{2})^p F_0(e^{i\omega}) \tag{4-4}$$

其中，$\omega = \pi$ 时，$F_0(e^{i\omega}) \neq 0$，且 $\left|F_0(e^{i\omega})\right|$ 在 $\omega = 0 \sim 2\pi$ 范围内的上界值 $\leqslant 2^{p-1}$。

Daubechies 在任意给定消失矩 p 下，提出了能满足要求的 $F_0(e^{i\omega})$ 的设计方法，以便用式（4-4）求出低通滤波器 $h=\{h_0, h_1, ..., h_{2p-1}\}$，从而构造出紧支撑的正交小波，称为 Daubechies 小波。

计算 $F_0(e^{i\omega})$ 的方法，试将 $\left|F_0(e^{i\omega})\right|^2$ 表示为 $\cos\omega$ 的多项式：

$$\left|F_0(e^{i\omega})\right|^2 = \sum_{j=0}^{p-1}\binom{p-1+j}{j}\left(\frac{1-\cos\omega}{2}\right)^j \tag{4-5}$$

其中，$\binom{p-1+j}{j}$ 表示从 $p-1+j$ 中取 j 个组合数。

构建 Daubechies 小波滤波器的关键问题是对给定的消失矩阶数由式（4-5）求出 $F_0(e^{i\omega})$ 或 $F_0(z)$。由于 $F_0(z)$ 的系数是实数，所以 $\left|F_0(e^{i\omega})\right|^2 = F_0(z)F_0^*(z) = F_0(z)F_0^{(z-1)}$，因此，从 $F_0(z)F_0^{(z-1)}$ 中的每对互为倒数的零点 $(c_k, \frac{1}{c_k})$ 中选择 ak，使其在单位圆 $|ak| \leqslant 1$ 内，这样就可以得到 $F_0(e^{i\omega})$，从而得到有限支撑的 Daubechies 小波滤波器 h。该滤波器的能量主要集中在支集始点的附近，也即它的前若干项非零系数比较大。Daubechies 小波的支撑为 $[-p+1, p]$，相应的尺度函数支撑为 $[0, 2p-1]$。

Daubechies 小波及其尺度函数的形状复杂，用已知的函数难以表现，一般采用自然数 N 来赋予小波特征。N 是 Daubechies 小波的特有表现，表示展开项数的 1/2。

4.2.4　试验结果与讨论

在图像预处理的过程中，图像平滑滤波的质量决定后续图像特征提取难易程度、算法的复杂程度以及运算速度等。不同的平滑方法分别有其优缺点，主要是要根据实际图像处理的用途和要求来选择图像平滑的方法。

在棉花机械化生产过程，不同的时期的棉田图像进行滤波平滑处理，要根据实际的棉田环境以及图像的质量进行选择。

如图 4-5a 是棉花收获时期采集图像的灰度图（图 4-3a 经 3B-R-G 灰度化后的图像）。在棉花收获时期，图像中的噪声主要来源于已收获区的残留棉花、残膜以及棉叶等影响，其中由于残留棉花的颜色及分布，造成图像中会有大量的孤立噪声的干扰。

图 4-5b 是利用移动平均法平滑后的图像，从图中可以看出，通过移动平滑处理可以有效去已收获区由于残留的棉花而形成的尖锐孤立噪声的影响，同时在未收获区域，能够有效保证棉花目标及分界处的边缘特征。

图 4-5c 是经过中值滤波后的图像，从图中可以看出，通过中值滤波可以有效降低图像中的噪声影响，且能够较好的保持图像中棉花目标特征及不同区域的分界线的边缘。但在未收获区的噪声抑制上，比较大的噪声区域未得到很好抑制。

图 4-5d 是经过 Daubechies 小波平滑后的图像，此时的 Daubechies 小波的特征值 $N=8$。从图中可以看出，Daubechies 小波平滑后，图中的收获区与为收获区的棉花特征都被削弱，且区域内部的特征变换趋于平缓，但分界线处的特征仍能较好的保留。

通过综合考虑算法的运算处理时间、图像特征提取要求及导航路径提取的实际需求，在棉花收获期的导航路径进行检测时，选用移动平均法进行图像平滑处理。表 4-2 是棉花机械化生产全过程视觉导航路径检测的研究过程中进行图像滤波处理算法的汇总。

a. 图 4-3a 灰度化后图像   b. 移动平均法滤波后图像

c. 中值滤波后图像   d. Daubechies 小波平滑后图像 ($N=8$)

图 4-5 为图 4-3b 移动平滑后图像

表 4-2 棉花不同生产阶段滤波处理方法

作业期	滤波方法	移动平均法	中值滤波法	Daubechies 小波平滑
播种期		—	—	√（$N=8$）
出苗期		—	—	√（$N=8$）
田管期	壮苗期	√	—	—
	现蕾期	—	—	—
	花铃期	√	—	—
收获期		√	—	—

表中："√" 表示选用，"—" 表示未选用

4.3   铺膜播种机视觉导航候补点集群提取算法

4.3.1 基于最低波谷点的候补点提取算法

棉花播种时期的导航路径检测的主要特征为划行器在地面上所划的痕迹特征。对于采集到的铺膜播种机田间作业时彩色图像，首先找出整幅图像中最大的颜色分量并对该分量图像进行一维 Daubechies 小波行变换，去除高频噪声，实现图像平滑处理。之后，计算图像的垂直累计直方图并确定波谷位置，以波谷位置为参考点，开设局部窗口，将各个局部窗口垂直累计直方图的波谷点作为候补点，从而完成候补点集群的检测。

4.3.1.1 第一帧图像候补点群的检测

（1）设定处理窗口。图 4-6 中 $(sx, 0)$，$(ex, 0)$，$(sx, ysize)$，$(ex, ysize)$ 四点包围的区域为处理窗口，其中，$sx=3xsize/8$，$ex=5xsize/8$。

（2）利用小波系数 $N=8$ 的 Daubechies 小波对图像处理区域进行逐行变换，去除各行中的高频分量后，进行反变换，到平滑后的图像。

（3）对平滑后的图像下方 $ysize/4$ 的数据进行垂直方向上的投影（即 y 方向投影）以获得累计直方图，计算累计直方图中波谷位置的横坐标并记为 p_b，定义用于存放各行候补点坐标的数组 V（其大小为 $xsize×ysize$），之后从图像下方开始，自下向上扫描前 10 行像素。在扫描第一行像素时，以 p_b 为中点，左右各扩展 γ 个像素作为范围，在此范围内寻找波谷位置记作 p_{b0} 并存入数组 V 中，γ 取值为 5。扫描第二行像素时，以 p_{b0} 为中心，同样左右各扩展 γ 个像素作为范围寻找第二行的波谷位置记作 p_{b1} 并存入数组 V 中。之后 8 行以此类推，如图 4-6 所示。

（4）从第 10 行开始，每次均以其前 10 行波谷位置的平均值作为中心，左右各扩展 γ 个像素作为扫描范围寻找当前行波谷直至图像顶端，每次寻找到波谷后，将其位置坐标存入数组 V 中。

（5）利用直线检测算对多候补点群进行拟合，拟合出导航直线（见5棉花生产机械化视觉导航路径检测及试验研究）。统计导航直线各点的横坐标并存入数组 L 中，其中 L 大小为图像高度 $yszie$。

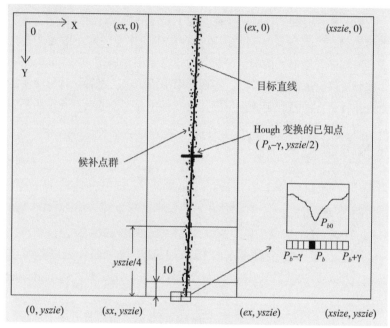

图 4-6　第一帧图像候补点群检测示意图

4.3.1.2　基于前后帧相互关联的候补点群检测

从第 2 帧图像开始，以后各帧图像均和其前一帧进行关联。首先对图像处理区域进行小波平滑处理，而后利用上一帧的候补点群进行分段直线拟合，根据获得的直线重新确定各行的处理区域，其中，进行小波平滑的图像为彩色图像中最大颜色的分量图像。之后，在平滑后的图像行内分析线形特征，寻找当前帧的候补点群。

具体步骤如下。

（1）将数组 V 中存放的上一帧图像上方 $yszie/4$ 长度内的各行候

补点群的坐标存入数组 V_t 中，计算 V_t 内各点横坐标的平均值 p_{bt}，以点 (p_{bt}, $ysize$/8) 为已知点，对 V_t 进行过已知点的 Hough 变换并得到拟合直线 l_t，之后将 l_t 上各点横坐标存入数组 L_t 中。

（2）将数组 L 中表示图像下方 3$ysize$/4 长度内的数据点存入数组 L_b 中。

（3）对于图像上方 $ysize$/4 长度的区域，以数组 L_t 中各点数据为中心，各行向左右分别扩展 m 个像素宽度（其中 m 经过公式 4–6 计算得到），缩小横向处理区域范围为 $l_{ti}-m$ 至 $l_{ti}+m$（如图 4–7 中虚线所示，其中 l_{ti} 表示数组 L_t 中的各个数据），并对该区域进行小波平滑处理。之后，计算得到 y 方向上 $ysize$/8 处下方 10 行的波谷信息，从 $ysize$/8 处开始利用 4.3.1.1（3）中所述的方法向上寻找直至图像顶端。同理，对于 $ysize$/4 区域的下半部分，首先获得 y 方向上 $ysize$/8 处上方 10 行的波谷位置信息，之后从 $ysize$/8 处开始向下寻找直至图像 $ysize$/4 处。在查找过程中，每当找到相应候补点后，将其对应存入数组 V 中。

$$m=\tan \alpha \times ysize / 2 \qquad (4\text{--}6)$$

其中，$\alpha=3°$ 为作业时允许的最大侧向偏转角

（4）对于图像下方 3 $ysize$/4 长度的区域，以数组 L_b 中各点数据为中心，各行同样向左右分别扩展 m 个像素宽度，缩小横向处理区域范围为 $l_{bi}-m$ 至 $l_{bi}+m$（如图 4–7 中虚线所示，其中 l_{bi} 表示数组 L_b 中的各个数据），并对该区域进行小波平滑处理。计算图像 y 方向上 5 $ysize$/8 处下方 10 行的波谷信息，之后从 5 $ysize$/8 处开始利用步骤 4.3.1.1（3）中所述的方法向上寻找直至图像 $ysize$/4 处。同理，对于 3 $ysize$/4 区域的下半部分，采用类似方法完成各行候补点的寻找。每当查找到相应的候补点后，将其对应存入数组 V 中。

（5）重复 4.3.1.1 中的步骤（5），利用直线检测算对多候补点群进行拟合，拟合出导航直线（见 5 棉花生产机械化视觉导航路径检测及试验研究）。统计导航直线各点的横坐标并存入数组 L 中。

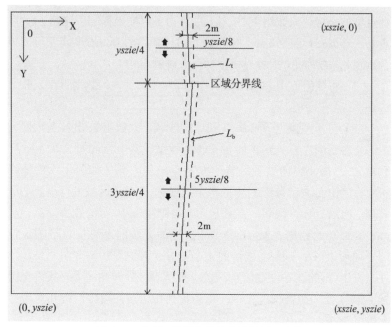

图4-7 非第一帧图像候补点群检测示意图

4.3.2 试验结果与分析

图4-8是在播种时期采集的两幅图像通过上述算法检测后得到的候补点集群图像，图中矩形区域为图像处理窗口，连续分布的点集

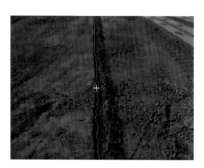

图4-8 播种时期候补点集群检测结果

群为检测到的候补点集群，"+"点为求得的已知点。从图中可以看出，候补点的主要分布在划行器在地面上所划痕迹区域，且候补点比较连续、聚集，吻合划行器所划的痕迹。

4.4 棉花田管机械作业时导航候补点集群的提取算法

4.4.1 基于棉苗行列中心线的候补点提取算法

棉花田管时期的导航路径提取主要目标特征为棉苗的行列中心线特征。对于采集到的棉花田管环节进行田间作业时彩色图像，首先利用 $2G-R-B$ 颜色模型对图像进行灰度化处理，而后利用中值滤波的方法去除图像中的噪声，实现图像的平滑处理。而后开设局部处理窗口，根据图像的区域垂直累计分布图找出棉苗区域的边界特征，最后确定棉苗行列的中心位置，从而完成候补点集群的检测。

4.4.1.1 第一帧图像候补点群的检测

（1）设定处理窗口。图像的设定处理窗口如图4-9所示。图4-9中 $(sx, 0)$，$(ex, 0)$，$(sx, ysize)$，$(ex, ysize)$ 四点包围的区域为处理窗口。在不同的时期，图像处理窗口不同。在棉花幼苗期、现蕾期，设定 $sx=3xszie/8$，$ex=5xszie/8$，在棉花花铃期，设定 $sx=xszie/4$，$ex=3xszie/4$。

（2）基于 $2G-R-B$ 颜色模型对图像进行灰度化处理。扫描处理窗口中的每个像素点，将其红（R）、绿（G）、蓝（B）颜色分量，代入公式（4-7）求其亮度值 E。

$$E=2 \times G-R-B \qquad (4-7)$$

（3）设定局部处理区域（浮动窗口），并在垂直方向上累计其像素值。在处理窗口中，设定宽度为处理窗口宽度、高度为 $[j-10, j+10]$ 的区域为浮动窗口，其中 $10 \leqslant j \leqslant ysize-10$，如图4-9中的中间矩形框所示。设数组 $Q[d]$ 和 $Q_1[d]$，其中 d 为数组的大小，且 $d=ex-sx+1$。在浮动窗口内，逐行扫描各像素，将其亮度值垂直累加

到 Q_1 中。

（4）利用移动平均法对 Q_1 进行平滑处理，平滑后的数据记入数组 Q，如图4-9中的曲线图所示。

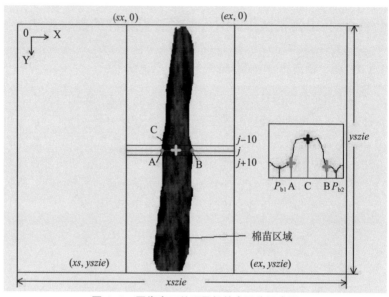

图4-9　图像窗口处理及候补点寻找示意图

由公式（4-8）和式（4-9），分别求数组 Q 的亮度平均值 $\overline{E_1}$ 及其标准偏差 D。

$$\overline{E_1} = \frac{1}{d}\sum_{i=0}^{d}Q[i] \qquad (4-8)$$

$$D = \sqrt{\frac{1}{d-1}\sum_{i=0}^{d}(Q[i]-\overline{E_1})^2} \qquad (4-9)$$

（5）把数组 Q 以 $d/2$ 为中心分为两个区域，分别寻找数组 Q 左右两侧的最低波谷点 p_{b1}、p_{b2}。以寻找左侧的最低波谷点为例：设定初始值 $b_{min}=\overline{E_1}$，从 $i=0$ $[0 \leqslant i \leqslant (ex-sx+1)/2]$，开始扫描数组

Q，当 $Q[i] \leqslant b_{min}$ 时，记录 $b_{min}=Q[i]$，$p_1=i+sx$。扫描结束后，$p_{b1}=p_1$ 即为数组 Q 左侧的最低波谷点位置。同理，从 $i=(ex-sx+1)/2[(ex-sx+1)/2 \leqslant i \leqslant ex-sx]$ 扫描数组 Q，寻找右侧最低波谷点 p_{b2}。如图 4-9 中所示的 p_{b1}、p_{b2} 点为最低波谷点。

（6）基于最低波谷点向棉苗区域方向寻找波峰上升沿处的临界点，将其作为分界处的边缘像素点。以从左侧的最低波谷点向棉苗区域寻找波峰上升沿处的临界点为例，设阈值 $T=\varepsilon \times D$（ε 在不同的时期取值不同），从 $p=p_{b1}[p_b \leqslant p \leqslant (ex-sx+1)/2]$ 开始扫描数组 Q，当 $|Q[p]-b_{min}| \leqslant T$ 时，记录 $p_2=p+sx$，当 $|Q[p]-b_{min}|>T$ 时，停止扫描，则此时左侧波峰上升沿的临界点记为 $p_l=p_2$，如图 4-9 中所示的 A 点。同理可以寻找右侧波峰上升沿的临界点 p_r，如图 4-9 中所示的 B 点。

（7）寻找候补点 p_p，以棉苗区域左右两侧的临界点 p_l、p_r 为依据，利用式（4-10）求取候补点 p_p。如图 4-9 中所示的 C 点。

$$p_p = \frac{p_l + p_r}{2} \qquad (4-10)$$

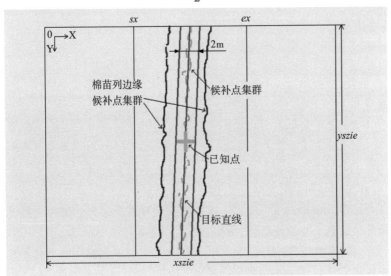

图 4-10　候补点群集和已知点示意图

循环执行步骤（4）到（8），即可求出棉苗行列中心线处的候补点群，设个数为 n，如图 4-10 所示。

（9）确定已知点（X, Y）。设边界候补点的坐标为（x_u, y_u），$0 \leq u < n$，利用公式（4-11）求（X, Y），如图 4-10 中 "+" 所示。

$$\begin{cases} X = \dfrac{1}{n} \sum_{u=1}^{n} x_u \\ Y = \dfrac{1}{2} ysize \end{cases} \qquad （4-11）$$

（10）以获得的候补点群为目标，利用直线检测算法对候补点群进行直线拟合，拟合出导航直线，同时将导航直线上各点的数据存入数组 $V[j]$。

4.4.1.2 基于前后帧相互关联的候补点群检测

从第 2 帧图像开始，以后各帧图像均和其前一帧进行关联。首先对图像处理区域进行中值滤波处理，而后根据上一帧图像的求得的已知点重新确定处理区域，而后执行候补点群的检测算法，寻找当前帧的候补点群。

（1）从第 2 帧图像开始，以后帧的处理窗口设定为 $sx=X-xszie/8$，$ex=X+xszie/8$。不同的棉花生长时期，窗口设置的大小不同。

（2）重复执行 4.4.1.1 中第一帧图像候补点检测算法中步骤（2）至步骤（6）。

（3）基于最低波谷点向棉苗区域方向寻找波峰上升沿处的临界点。如果处理图像非采集视频的第一帧图像，以前一帧图像直线检测的结果数组 $V[ysize]$ 的数据为中心，向左右分别扩展 m 个像素，若 $|p_2-V[j]| \leq m$，则 $p_p=p_2$，否则 $p_p=V[j]$。

其中，$m=\tan \alpha \times ysize$，$a=3°$ 为田管机械作业时允许偏转的最大角度。如图 4-9 中所示的 $2m$ 区域。

（4）重复执行 4.4.1.1 中第一帧图像候补点检测算法中步骤（8）至步骤（11），完成导航直线的检测。

4.4.2　试验结果与分析

图 4-11 是棉花在不同田管环节采集的图像及候补点集群检测结果，图中矩形区域为图像处理窗口，连续分布的点集群为检测到的候补点集群，"+"点为求得的已知点，从图中可以看出，不同的时期，棉苗的覆盖区域不同，而图像的处理窗口也发生相应的改变。

图 4-11a 是棉花在出苗期时采集的图像及候补点集群检测结果。从图中可以看出，在棉花出苗期，棉田中的棉苗特征较弱，其主要导航特征选用棉苗上的覆土特征。在检测算法上，该时期导航候补点集群检测算法选用播种时期的检测算法，从检测结果中可以看出，候补点集群分布在地膜中间的两行棉苗中间（即两行种穴覆土的中央），吻合出苗时期视觉导航目标的特征。

a. 出苗期

b. 壮苗期

c. 花铃期

d. 现蕾期

图 4-11　棉花不同田管时期的候补点集群检测结果

图 4-11b 是棉花壮苗期时采集的图像及候补点集群检测结果，图中两侧绿色连续点集为棉苗两侧边缘点集，即左右两侧的波峰上升沿临界点集，中间青色的连续点集为候补点集群。从图中可以看出，检测出的棉苗两侧边缘点集能够准确贴合棉苗边缘，而检测出的补点集群分布在棉苗的行列的中央，吻合棉苗的行列特征。

图 4-11c、图 4-11d 分别是花铃期和现蕾期时采集的图像及候补点集群检测结果，此时的棉苗已基本覆盖地面，候补点集群的分布在棉花行列的中心位置，且分布均匀连续，吻合该时期视觉导航的目标特征。

4.5 采棉机作业时导航候补点集群的提取

4.5.1 基于波峰上升沿的候补点提取算法

棉花采收时期的导航路径提取主要目标特征是已收获区和未收获区的边界处的分界线特征。对于在棉花收获期采集到的田间作业时彩色图像，首先利用 $3B-R-G$ 颜色模型对图像进行灰度化处理，而后利用移动平均法去除图像中的噪声，实现图像的平滑处理。而后开设局部处理窗口，根据图像的区域垂直累计分布图找出已收获区与未收获区的边界特征，最后确定区域分界处的位置，从而完成候补点集群的检测。

4.5.1.1 第一帧图像候补点群的检测

（1）设定处理窗口。图像的设定处理窗口如图 4-12a 所示。图 3 中 $(sx, 0)$，$(ex, 0)$，$(sx, ysize)$ 四点包围的区域为处理窗口，设定 $sx=3xsize/8$，$ex=5xsize/8$。

（2）利用 $3B-R-G$ 颜色模型对图像进行灰度化处理。扫描处理窗口中的每个像素点，将其红（R）、绿（G）、蓝（B）颜色分量，代入公式（4-12）求其亮度值 E。

$$E=3 \times B-R-G \qquad (4-12)$$

（3）设定局部处理区域（浮动窗口），并在垂直方向上累计其像素值。在处理窗口中，设定宽度为处理窗口宽度、高度为 $[j-10, j+10]$ 的区域为浮动窗口，其中 $10 \leq j \leq ysize-10$，如图 4-12a 中的中间矩形框所示。设数组 $Q[d]$ 和 $Q_1[d]$，其中 d 为数组的大小，且 $d=ex-sx+1$。在浮动窗口内，逐行扫描各像素，将其亮度值垂直累加到 Q_1 中。

（4）以步长 $t=\dfrac{d}{16}$，对数组 Q_1 进行移动平均处理，平滑后的数据记入数组 Q，分布直方图如图 4-12b 所示。

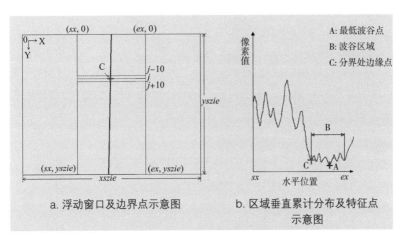

a. 浮动窗口及边界点示意图　　b. 区域垂直累计分布及特征点示意图

图 4-12　图像窗口处理及局部区域垂直累计分布图

（5）由公式（4-8）和式（4-9），分别求数组 Q 的亮度平均值 $\overline{E_1}$ 及其标准偏差 D。

（6）寻找数组 Q 的最低波谷点 p_b。设定初始值 $b_{min}= \overline{E_1}$，从 $i=0(0<i<ex-sx)$，开始扫描数组 Q，当 $Q[i] \leq b_{min}$ 时，记录 $b_{min}=Q[i]$，

$p_1=i+sx$。数组扫描结束后，$p_b=p_1$ 即为最低波谷点位置。如图 4-12b 中 A 点所示。

（7）基于最低波谷点向未收获区方向寻找波峰上升处的临界点，将其作为分界处的边缘像素点。以右侧棉花已收获为例寻找边缘像素点，设阈值 $T=0.8×D$，从 $p=p_b-sx(0 \leqslant p \leqslant p_b-sx)$ 开始扫描数组 Q，当 $|Q[p]-b_{min}| \leqslant T$ 时，记录 $p_2=p+sx$，当 $|Q[p]-b_{min}|>T$ 时，停止扫描。则收获区与未收获区的临界点为：$p_b=p_2$。如图 4-12b 中的 C 点所示。同理，若左侧区域为棉花已收获区域时，可利用同样的方法寻找临界点。

（8）循环执行步骤（4）到（7），即可求出已收获区与为未收获区分界处的候补点群，设个数为 n，如图 4-12 所示。

（9）确定已知点 (X, Y)。设边界候补点的坐标为 (x_u, y_u)，$0 \leqslant u<n$，利用公式（4-11）求 (X, Y)，如图 4-12 中"+"所示。

（10）以获得的候补点群为目标，利用直线检测算法对候补点群进行直线拟合，拟合出导航直线，同时将导航直线上各点的数据存入数组 $V[j]$。

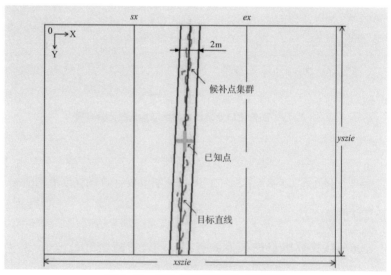

图 4-13 候补点群集和已知点示意图

4.5.1.2 基于前后帧相互关联的候补点群检测

从第 2 帧图像开始，以后各帧图像均和其前一帧进行关联。首先对图像处理区域利用移动平均法进行滤波平滑处理，而后根据上一帧图像求得的已知点重新确定处理区域，然后执行候补点群的检测算法，寻找当前帧的候补点群。

（1）从第 2 帧图像开始，以后帧的处理窗口设定为 $sx=X–xszie / 8$，$ex=X+xszie / 8$。

（2）重复执行 4.5.1.1 中第一帧图像候补点检测算法中步骤（2）至步骤（6）。

（3）基于最低波谷点向未收获区域方向寻找波峰上升沿处的临界点。如果处理图像非采集视频的第一帧图像，以前一帧图像直线检测的结果数组 $V[yszie]$ 的数据为中心，向左右分别扩展 m 个像素，若 $|p_2–V[j]| \leqslant m$，则 $p_p=p_2$，否则 $p_b=V[j]$。

其中，$m=\tan \alpha \times yszie$，$\alpha=3°$ 为采棉机作业时允许偏转的最大角度。如图 4–13 中所示的 $2m$ 区域。

（4）重复执行 4.5.1.1 中第一帧图像候补点检测算法中步骤（8）至步骤（10），完成导航直线的检测。

4.5.2 试验结果与分析

图 4–14 是棉花收获时期采集的原图像及候补点集群检测结果。图 4–14a 为右侧棉花已收获时的情况，图 4–14b 为左侧棉花已收获时的情况。从图中可以看出，通过算法检测候补点集群完全分布在棉花已收获与未收获的分界处区域，且候补点连续分布，紧密贴合分界处的边缘。

4.6 小结

本章首先介绍了几种常见的图像灰度化模型及图像滤波算法。通过对比分析研究确定：在播种时期选用彩色图像的 R 分量对图像进

a. 右侧棉花已收获　　　　　　　b. 左侧棉花已收获

图 4-14　收获时期候补点集群检测结果

行灰度化，并利用 Daubechies 小波（$N=8$）进行去噪平滑处理；在田管时期，选用 $2G-R-B$ 颜色模型对图像进行灰度化，并选用中值滤波的方法进行去噪平滑处理；在棉花收获时期，选用 $3B-R-G$ 颜色模型进行图像灰度化，并选用移动平均化进行去噪平滑处理。

　　其次，本章重点研究了棉花不同机械化作业环节的视觉导航路径的候补点集群检测方法。针对不同作业环节的采集视频图像的第一帧图像，基于各自的视觉导航目标特征进行检测候补点集群：对于铺膜播种机的视觉导航路径的候补点集群检测，采用基于垂直累计分布图的最低波谷点的方法；对于棉花田管时期的视觉导航路径的候补点集群的检测，采用基于棉苗行列中心线特征的方法；对于采棉机视觉导航路径的候补点集群的检测，采用基于最低波谷点寻找波峰上升沿临界点的方法。针对不同作业环节采集的视频图像的非第一帧图像，主要采用上述方法并且结合前后帧相互关联的方法进行候补点集群的检测。通过试验证明，本章节研究的算法能够准确提取候补点集群，吻合各环节的导航目标特征，为后续导航路径的拟合奠定了基础。

5 棉花生产机械化视觉导航路径检测及试验研究

直线是图像的基本特征之一，直线检测是图像处理中重要内容之一，在道路识别、建筑物识别、医学图像分析等领域都有十分重要的内容。直线的几何特性比较简单，可以用来描述目标的边缘特征，是物体分类、立体匹配、目标识别等的重要信息输入，因此直线检测和分析在数字图像处理领域的意义十分重要。

直线特征在农田机器人视觉导航领域的研究也十分重要。在农田作业机械的作业过程中，视觉导航路径通常都是由农田环境自身的结构特征决定的，如田垄、犁沟、苗行中心线、已收割区域与未收割区域的分界线等。这些结构特征所确定的农业机械作业的引导线主要是由直线或者多段直线拟合的曲线构成。因此直线检测是视觉导航路径检测的重要内容。

5.1 常用的直线检测算法

导航路径检测的主要任务就是提取拟合农田环境中的不同区域分界线、边缘线、苗列线等直线，从而从直线数据中获取导航参数，控制农田作业机械的行走方向。常用的直线检测算法主要有：最小二乘法、随机方法、Hough 变换以及过已知点 Hough 变换等。

5.1.1 基于最小二乘法的直线检测

最小二乘法理论首先是由 Gauss 为进行行星轨迹预测的研究而提出的[115]，现在广泛应用于科学实验与工程技术中，是曲线拟合、函数逼近、数据处理、方差分析和回归分析中都经常使用的一种数学方法。

用函数 $y = \varphi(x, \bar{b})(\bar{b} = (b_1, b_2, \cdots bm)^T)$ 拟合已知数据 $(x_i, y_i)(i = 1, 2, 3, \cdots n)$，使得误差的平方和为最小，这种求 $y = \varphi(x, \bar{b})$ 的方法，就是最小二乘法。也就是求使目标函数 Q 最小值时的最优参数 $\bar{b} = (b_1, b_2, \cdots b_m)^T$。

目标函数 Q 为：

$$Q = \sum_{i=1}^{n} \left[y_i - \varphi(x_i + \bar{b}) \right]^2 \tag{5-1}$$

为了确保拟合精度，常用各观测点的加权平方和最为目标函数，如式（5-2）。

$$Q = \sum_{i=1}^{n} \omega_i r_i^2 = \sum_{i=1}^{n} \omega_i \left[y_i - \varphi(x_i + \bar{b}) \right]^2 \tag{5-2}$$

式中，$\omega_i \geq 0$ 为观测点在 (x_i, y_i) 处的权重。

函数 $y = \varphi(x, \bar{b})$ 可以表示直线，也可以表示曲线。在进行直线拟合时，用函数 $y = ax + b$ 来拟合数据。此时目标函数为：

$$Q = \sum_{i=1}^{n} \left[y_i - (ax_i + b) \right]^2 \tag{5-3}$$

将目标函数看作关于参数 a、b 的函数，为求目标函数 Q 的最小值，可以分别取 Q 关于 a、b 的偏导数，并将其值置为零。

$$\begin{cases} \dfrac{\partial Q}{\partial a} = -2 \sum_{i=1}^{n} \left[y_i - (ax_i + b) \right] x_i = 0 \\ \dfrac{\partial Q}{\partial a} = -2 \sum_{i=1}^{n} \left[y_i - (ax_i + b) \right] = 0 \end{cases} \tag{5-4}$$

经化简整理，可得方程组：

$$\begin{cases} (\sum_{i=1}^{n} x_i^2)a + (\sum_{i=1}^{n} x_i)b = \sum_{i=1}^{n} x_i y_i \\ nb + (\sum_{i=1}^{n} x_i)a = \sum_{i=1}^{n} y_i \end{cases} \quad (5-5)$$

经计算可得：

$$\begin{cases} a = \dfrac{n\sum_{i=1}^{n} x_i y_i - (\sum_{i=1}^{n} x_i)(\sum_{i=1}^{n} y_i)}{n = \sum_{i=1}^{n} x_i^2 - (\sum_{i=1}^{n} x_i)^2} = \dfrac{\sum_{i=1}^{n}(x_i - \bar{x})(y_i - \bar{y})}{\sum_{i=1}^{n}(x_i - \bar{x})^2} \\ b = \dfrac{1}{n}\sum_{i=1}^{n} y_i - \dfrac{a}{n} = \sum_{i=1}^{n} x_i = \bar{y} - a\bar{x} \end{cases} \quad (5-6)$$

式中，$\bar{x}$，$\bar{y}$ 分别表示 x，y 的算术平均数。

a、b 值都可用 x，y 的实际值计算出，$y=ax+b$ 称作线性回归方程。

由最小二乘法获得的估计值在一定条件下具有最佳的统计特性，它们是各向一致的、无偏的和有效的。但当目标区域存在干扰点或噪声时，拟合函数并不通过最多的数据点，拟合误差较大，并且当已知点趋向于分布在多条直线附近时，需要事先对已知数据进行分离预处理，否则拟合的结果没有意义，而对数据点进行分离预处理是一项费时费力且困难很大的工作，有时甚至不能实现。

在实际的应用过程中，经常采用分段拟合的方法进行直线检测，同时也需要依据实际情况，利用专业知识和经验来确定经验曲线的近似公式，同时根据散点图的分布形状及特点来选择适当的曲线进行数据拟合。

5.1.2 基于 Hough 变换的直线检测

Hough 变换[116] 是 Paul Hough 于 1962 年提出的，并在美国作为专利被发表。Hough 变换是实现边缘检测的一种有效方法，其基本思想是利用图像空间和 Hough 参数空间的点—线对偶性，把图像空间中的检测问题转换到参数空间，即将测量空间的一点变换到参量空间的一条曲线或曲面，而具有同一参量特征的点变换后在参量空间相交，通过判断交点处的积累程度来完成特征曲线的检测。基于参量性质的不同，Hough 变换可以检测直线、圆、椭圆、双曲线等。

（1）Hough 变换的基本原理[117]。

直线方程可用公式（5-7）表示：

$$y=ax+b \tag{5-7}$$

其中 a 和 b 分别为直线的斜率和截距。通过 x-y 平面上的某一点 (x_0, y_0) 的所有直线的参数都满足方程 $y_0=ax_0+b$，即通过 x-y 平面上点 (x_0, y_0) 的一族直线在参数 a-b 平面上对应于一条直线，直线方程为公式（5-8）。

$$b=-ax_0+y_0 \tag{5-8}$$

在实际应用中，公式（5-7）无法表示 $x=c$（c 为常数）形式的直线（直线的斜率为无穷大），所以采用公式（5-9）的极坐标参数方程的形式。

$$\rho = x \cos \theta + y \sin \theta \tag{5-9}$$

式中，ρ 为原点到直线的垂直距离，θ 为 ρ 与 x 轴的夹角。

x-y 坐标系与 ρ-θ 坐标系的对偶关系示意如图 5-1 所示。其中 ρ-θ 参数空间又称为 Hough 空间。根据公式（5-9）直线上不同

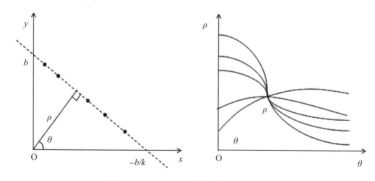

图 5-1　Hough 变换对偶关系示意图

的点在参数空间中被变换为一族相交于 p 点的正弦曲线，因此可以通过检测参数空间中的局部最大值点 p ，来实现 x–y 坐标系中直线的检测。

（2）一般 Hough 变换的步骤 [117]。

① 将参数空间量化成 $m \times n$（m 为 θ 的等份数，n 为 ρ 的等份数）各单元，并设置累加器矩阵 $Q[m \times n]$。

② 给参数空间的每一个单元分配一个累加器 $Q(\theta_i, \rho_j)(0<i<m-1, 0<j<n-1)$，并把累加器的初始值置为零。

③ 将直角坐标系中的各点 $(x_k, y_k)(k=1,2,\cdots,s, s$ 为直角坐标系中的点数）带入公式（5–9），然后将 θ_0 至 θ_{m-1} 也都代入其中，分别计算出相应的值 ρ_j。

④ 在参数空间中，找到每一个 (θ_i, ρ_j) 所对应的单元，并将该单元的累加器加 1，即：$Q(\theta_i, \rho_j)=Q(\theta_i, \rho_j)+1$，对该单元进行一次投票。

⑤ 待 x–y 坐标系中的所有点都进行运算之后，检查参数空间的累加器，必然有一个出现最大值，这个累加器对应单元的参数值作为所求直线的参数输出。

Hough 变换是一种全局性的检测方法，对于被噪声干扰或间断区域边界的图像具有良好的容错性，可以很好的抑制数据点集中存在的干扰，同时还可将数据点集拟合成多条直线。Hough 变换经过不断的研究与发展，在图像分析、计算机视觉、模式识别等领域得到了广泛的应用，已经成为模式识别的一种重要工具。但其也具有一定的局限性，如检测精度不容易控制、在高强度噪声下检测结果偏差大、计算量大、存储资源需求大、处理速度慢等。

5.1.3 基于过已知点 Hough 变换的直线检测

传统的 Hough 变换 [117] 是一种穷尽式搜索，计算量和空间复杂度都很高，很难在实时性要求较高的领域内应用。过已知点的 Hough 变换是一种改进型的 Hough 变换，能够大幅度提高 Hough 变换的效率，属于快速直线检测方法的一种。

（1）过已知点 Hough 变换的基本原理。

过已知点的 Hough 变换是在传统 Hough 变换基本原理的基础上，将逐点向整个参数空间的投票转化为仅向一个"已知点"参数空间投票的快速直线检测方法。其基本思想是：首先找到属于直线上的一点 p_0，将这个已知点的坐标定义为 (x_0, y_0)，将通过 p_0 的直线斜率定义为 a，则坐标和斜率的关系可用式（5−10）表示。

$$(y - y_0)=a(x - x_0) \tag{5−10}$$

定义区域内目标像素 p_i 的坐标为 (x_i, y_i)（$0 \leqslant i \leqslant n$, n 为区域内目标像素的总数），则点 p_i 和点 p_0 之间连线的斜率 a_i 可表示为式（5−11）。

$$a_i = \frac{y_i - y_0}{x_i - x_0} \tag{5−11}$$

将斜率值映射到一组累加器上，每求得一个斜率，将使其对应的累加器的值加 1，因为同一条直线上的点所求得的斜率一致，所以当目标区域中有直线成分时，其对应的累加器出现局部最大值，将该值所对应的斜率作为所求直线的斜率。

当 $x_i = x_0$ 时，a_i 的值为无穷大，式（5−11）不成立。为避免这一问题，当 $x_i = x_0$ 时，令 $a_i=2$，当 $a_i > 1$ 或 $a_i > -1$ 时，采用式（5−12）的计算值代替 a_i，这样无限域的 a_i 被限定在了（−1, 3）的有限范围内。

$$a_i' = \frac{1}{a_i} + 2 \tag{5−12}$$

在实际计算过程中，将斜率的区间设定为 [−2, 4]。

（2）过已知点 Hough 变换的步骤。

过已知点的 Hough 变换的检测过程如图 5−2 所示。其步骤如下。

① 将设定的斜率区间等分为 10 个子区间，即每个子区间的宽度为设定斜率宽度的区间宽度的 1/10，即宽度为 0.6。

② 为每个子区间设置一个累加器 n_j（$1 \leqslant j \leqslant 10$）。

③ 初始化每个累加器的值为零，即 $n_j=0$。

④ 从上到下、从左到右逐点扫描图像，遇到目标像素时，由

式（5-11）及式（5-12）计算其与已知点 p_0 之间的斜率 a，a 值属于哪个子区间，就将那个子区间的累加器的值加 1。

⑤ 当扫描完全部处理区域时，将累加器的值中最大的子区间及其相邻的两个子区间（共 3 个子区间）作为下一次投标的斜率区间。重复步骤①到④，直到斜率区间的宽度小于设定的斜率检测精度为止。

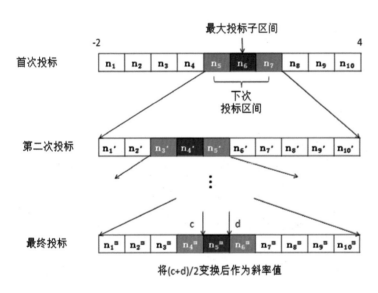

图 5-2 过已知点 Hough 变换的检测过程

利用过已知点的 Hough 变换进行直线检测，其关键问题是如何正确的选择已知点。在实际操作过程中，一般选择容易获取的特征点为已知点。

过已知点 Hough 变换摆脱了传统 Hough 变换的穷举式搜索过程，大大降低了计算量和存储空间的需求量，提高了算法的实时性，使其在实时领域的应用变为了可能。同时，它也继承了传统 Hough 的鲁棒性和抗干扰能力，当图像中出现噪声和干扰点时，尽管在某些扫描线上的候补点可能出现误差，但从统计学的角度来说，这种误差基本上不影响最终的结果。

5.1.4 不同直线检测方法的对比分析

在棉田环境的视觉导航路线的检测过程中，必须确保检测直线的精度以及检测速度，这是直线检测算法选择的基础。检测的路径直线是否准确直接关系到后序拖拉机行走路线，而算法的检测速度则决定能否满足视觉导航实时性的需求，同时算法还要必须具备抗干扰能力。本书通过一幅随机的二值图像分别对最小二乘法、一般 Hough 变换及过已知点 Hough 变换等三种直线检测算法的性能进行比较分析。

图 5-3a 的例图是随机选取的一幅棉苗列的二值化图像，并通过图像处理的手段，把棉苗列区域以外的图像的值全置为零，而

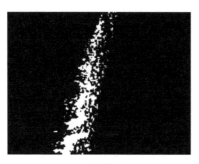

a. 例图像 1

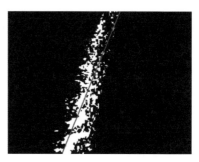

b. 最小二乘法直线拟合

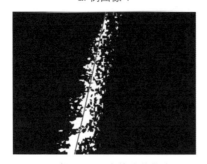

c. 一般 Hough 变换直线拟合

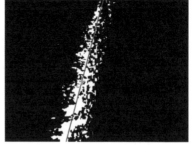

d. 过已知点 Hough 直线拟合

图 5-3　随机选取的例图及不同直线检测方法效果对比

后通过不同的直线检测方法对其进行直线拟合，其结果如图5-3b、图5-3c、图5-3d所示。从图中可以看出，三种方法均可拟合出所需要的直线。

　　从图5-3b中可以看出，最小二乘法拟合出的直线未通过图像中白色像素点最为集中的区域，在图像的上部，直线通过白色像素点较少的区域，而在图像的下部，直线从白色像素点集中的区域边缘通过，因此可以表明最小二乘法拟合直线的误差较大。

　　从图5-3c、图5-3d中可以看出，一般Hough变换和过已知点Hough变换（图中5-3d中标记的"+"为过已知点Hough变换的已知点C）均可准确拟合出所需直线，且直线通过图像中白色像素点集中的区域，且基本成对称分布，可以表明这两种方法拟合直线的误差较小。

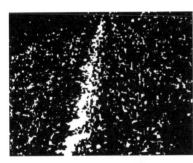

a. 例图像1增加噪声

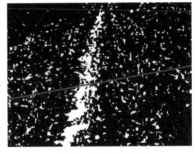

b. 最小二乘法直线拟合

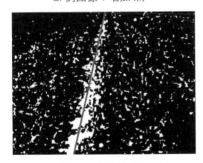

c. 一般Hough变换直线拟合

d. 过已知点Hough直线拟合

图5-4　增加噪声后的例图及不同直线检测方法效果对比

图 5-4a 的例图是对图 5-3a 的例图中增加噪声的影响，以验证不同直线检测方法对噪声的抗干扰能力和鲁棒性。图 5-3b、图 5-3c、图 5-3d 是通过不同的直线检测方法对图 5-4a 其进行直线拟合的结果。

从图 5-4b 中可以看出，最小二乘法拟合出的直线已经完全偏离棉苗列，拟合的结果已无实际应用的意义。由此可见，最小二乘法受图像中噪声的影响比较大，在最小二乘法进行直线拟合时，必须要对目标特征进行分割，并进行滤波去噪等图像预处理，而在棉田视觉导航路径的检测过程中，棉田环境十分复杂，图像预处理是一项非常困难的工作，因此棉田视觉导航路径的检测不适合使用最小二乘法进行直线检测。

从图 5-4c、图 5-4d 中可以看出，在有噪声的二值化图像中，一般 Hough 变换和过已知点 Hough 变换的直线检测方法仍可准确拟合出所需直线，且误差较少。由此可以说明，这两种方法拥有较好的鲁棒性和抗干扰的能力。

为了验证最小二乘法、一般 Hough 变换及过已知点 Hough 变换等三种直线检测算法能否适用棉田作业机械自主导航过程中实时性的要求，对三种直线检测算法的针对图 5-3a，图 5-4a 的运算时间进行了统计分析，如表 5-1 所示。

表 5-1　直线检测算法运算时间比较表

单位：ms

图　像	算　法		
	最小二乘法	一般 Hough 变换	过已知点的 Hough 变换
图 5-3a	12.76	220.75	13.70
图 5-4a	12.03	430.03	15.30

从表 5-1 中可以看出，在运算时间上最小二乘法优于一般 Hough 变换和过已知点 Hough 变换，其次是过已知点的 Hough 变换，而一般 Hough 变换的运算速度最慢。因此可以看出，传统的 Hough 变化是一种穷尽式搜索，其计算量和所需的存储空间都非常大，而改进后

的过已知点 Hough 变换不仅继承了传统 Hough 变换鲁棒性和抗干扰能力的优点，同时大幅度地提高了运算速度，可以满足视觉导航路径检测过程中实时性的要求。

通过综合分析 3 种直线检测算法的优缺点，最终确定在进行棉花机械化生产过程中进行视觉导航路径检测时，选用过已知点 Hough进行直线拟合。

5.2　过已知点 Hough 变换的已知点的计算

在基于过已知点 Hough 变换的直线检测算法中，已知点的确定是直线检测能否成功及检测准确性的关键，已知点的确定通常根据具体应用不同而不同。

在"4 视觉导航候补点集群提取算法研究"中通过不同的候补点集群检测算法，分别检测到了不同生产环节视觉导航路径的候补点集群。设每帧图像检测到的候补点集群的坐标为 (x_u, y_u)，$0 \leqslant u < n$，过已知点 Hough 变换的已知点坐标为 (U, V)，则：

$$\begin{cases} U = \dfrac{1}{n}\sum_{u=1}^{n} x_u \\ V = \dfrac{1}{2} ysize \end{cases} \qquad （5-13）$$

5.3　检测算法流程

在进行导航路径的直线检测时，其算法的检测流程如图 5-5所示。

（1）首先通过摄像机采集棉田间不同生产环节的图像及视频，并利用读取视频及图像。

（2）判断图像是否为第一帧图像，即作业机械是否刚开始进行棉田作业。

（3）如果是第一帧图像，则根据不同的作业环节，利用第一帧图

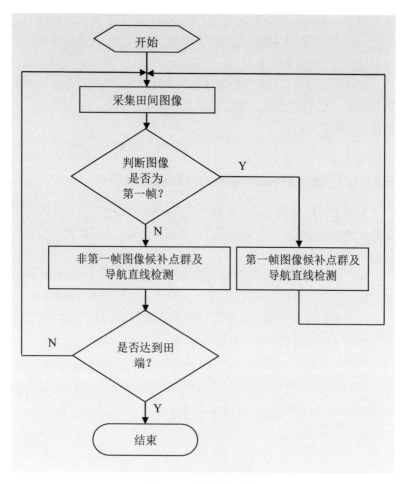

图 5-5　检测算法流程

像的候补点集群检测算法，检测出候补点集群，并求取 Hough 变换的已知点，而后通过过已知点 Hough 变换拟合导航直线。而后继续进行。

（4）如果不是第一帧图像，则根据不同的作业环节，利用前后帧相互关联的候补点集群检测候补点集群，并求取 Hough 变换的已知点，而后通过已知点 Hough 变换拟合导航直线。同时利用田端检测算法（见"6 棉田边界视觉检测算法研究"），判断作业机械是否达到田端。

（5）如果未达到田端，则继续检测；如果到达田端，则结束检测。

5.4 铺膜播种机视觉导航路径检测与试验分析

针对播种时期的棉田图像，首先通过基于最低波谷点的候补点集群检测算法，而后利用过已知点 Hough 变换进行铺膜播种时期的视觉导航路线拟合。本节利用采集的视频对视觉导航路径进行试验验证，并分析算法的准确性与实时性。

图 5-6 是铺膜播种机在不同作业环境下进行田间作业时采集的原图像及检测结果图。图中，方框表示处理区域，在划行器划下的印记上面的分散点集为候补点集群，"+"为 Hough 变换的已知点，直线表示导航路线检测结果。

图 5-6a 采集时间为中午，土地为轻壤土、较平整、浅灰色；图 5-6b 采集时间为下午，土地为轻壤土、平整、棕色；图 5-6c 采集时间为下午，土地为轻壤土且盐碱化比较严重、平整、灰色；图 5-6d 采集时间为上午，土地为砂壤土、平整、棕色，划行器留下的痕迹较深，新翻的土壤痕迹保留明显；图 5-6e 采集时间为下午，土地为轻壤土、平整、浅灰色，但土地表面有残膜覆盖；图 5-6f 采集时间为下午，扬沙天气，土地为轻壤土、浅灰色，但土地表面有棉秆残茬覆盖。

图 5-7 为图 5-6 中各图像处理区域经过 Daubechies 小波平滑前后的效果对比图。图中的各直方图为其左侧图像局部处理窗口的各彩色分量的垂直累计分布直方图。从图 5-7 中各平滑前的累计分布图中可以看出，在棉花播种时期，土地的彩色分量中 R 分量为主分量，因此选择 R 分量为处理图像。

从图 5-7a、图 5-7b、图 5-7c、图 5-7d 中的平滑前的累计分布直方图中可以看出，在划行器留下的痕迹附近各颜色分量都发生突

a. 中午采集，轻壤土   b. 下午采集，轻壤土

c. 下午采集，土壤盐碱化较重   d. 上午采集，砂壤土

e. 下午采集，土地表面有残膜   f. 下午采集，扬沙天气，棉秆残茬覆盖

图 5-6　播种时期原图像及检测结果图

变。从图 5-7e、图 5-7f 中平滑前的累计分布直方图中可以出，在划行器留下的痕迹附近各颜色分量的变化受地表残杂物及扬沙天气的影响比较明显，图 5-7e 中主要受图像残膜的影响，图 5-7f 中主要受

棉秆残茬和扬沙天气的影响，因此颜色分量的变化趋势不太明显。

图 5-7 中的各图像平滑后的累计分布直方图中可以看出，经过 Daubechies 小波平滑后，可以有效消除图像中微弱噪声的影响，剔除地表上棉秆残茬、轻微扬沙天气等因素对提取导航直线候补点的

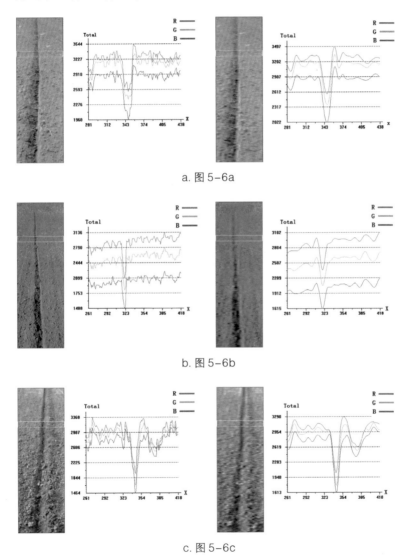

a. 图 5-6a

b. 图 5-6b

c. 图 5-6c

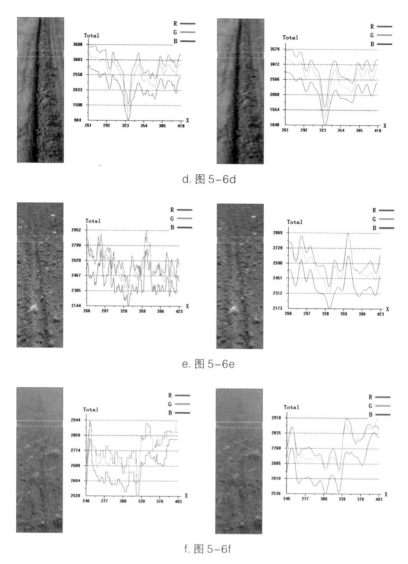

d. 图 5-6d

e. 图 5-6e

f. 图 5-6f

图 5-7　为图 5-6 中各图像处理区域 Daubechies 小波平滑前后对比图

影响。

　　从图 5-6 中各图像的导航路线检测结果中可以看出，基于最低波谷点算法找到导航路线的候补点集群，利用过已知点 Hough 变换拟合出的直线，贴合铺膜播种机上划行器划出的痕迹，可作为铺膜播种机田间作业的导航线。

为了验证铺膜播种机视觉导航路径检测算法的实时性和准确性，对采集到的多段棉花铺膜播种机田间实时作业视频进行处理，并统计分析其中的检测错误帧数及处理速度，其结果如表 5-2 所示。

表 5-2　铺膜播种机视觉导航路径检测算法试验结果

视频序号	视频帧数	错误起始帧（帧）	平均处理速度（ms/帧）	准确率（%）
1	2301	/	71.52	100
2	2088	/	72.51	100
3	1698	/	72.55	100
4	3242	/	70.92	100
5	2580	/	72.53	100
6	2380	/	71.64	100
7	1873	/	71.83	100
8	2980	/	72.96	100

从表 5-2 中可以看出，该算法能够有效地检测出铺膜播种机的田间导航路线，且检测出的目标直线准确率高，算法运算速度快，平均每帧图像检测时间为 72.02ms。因此，本书研究的铺膜播种机导航路线检测方法，能够满足铺膜播种机田间实时作业要求，同时该算法也可为小麦、玉米等作物的播种路线提取算法研究提供理论基础。

5.5　棉花田管时期视觉导航路径检测及试验分析

在棉花田管时期进行导航路径检测时，首先对视觉导航路径的候补点集群进行检测：针对出苗期的视觉导航路径检测，采用基于播种时期的候补点集群检测算法，针对壮苗期、现蕾期、花铃期的视觉导航路径检测，采用基于棉苗行列中心线特征的候补点集群检测算法；而后基于过已知点 Hough 变换进行导航路径的拟合。本节利用采集的视频对视觉导航路径进行试验验证，并分析算法的准确性与实时性。

5.5.1 出苗期视觉导航路径检测及试验分析

图 5-8 是棉花出苗期进行划行除草等中耕作业时采集的原图像及其导航路径检测结果图。图中的方框、候补点集群及已知点的表示方法与前述相同。

图 5-8 中各图像采集时间为上午，其中图 5-8a 地面平整，导航目标特征清晰，图 5-8b 中地面平整，导航目标特征清晰，但图像中间分布有滴管带的供水支管，图 5-8c 中地面上有杂草；图 5-8d 中

a. 地面平整、导航目标清晰

b. 田间分布滴管带支管

c. 田间有杂草

d. 覆土特征中断

图 5-8　出苗时期原图像及检测结果图

导航目标特征—棉苗覆土由于天气原因出现断行。

　　图 5-9 中为图 5-8 中各图像的图像处理区域经过 Daubechies 小波平滑前后的效果对比图。从图中 5-9a、图 5-9b、图 5-9c 中可以看出，经过 Daubechies 小波后，图像中的噪声显著削弱，特别是在

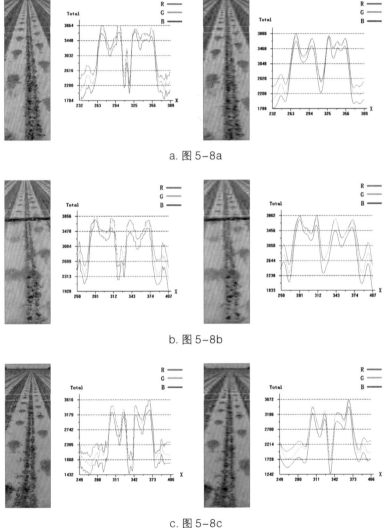

a. 图 5-8a

b. 图 5-8b

c. 图 5-8c

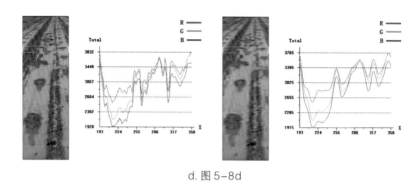

d. 图 5-8d

图 5-9　为图 5-8 中各图像处理区域 Daubechies 小波平滑前后对比图

导航目标特征—种穴覆土附近，在平滑前，目标区域呈双谷底形态，经过平滑后，呈单波谷形态，因此可以准确寻找出候补点集群。从图 5-9d 中可以看出，在覆土特征消失区域，波谷特征发生严重偏移，因此寻找出的候补点集群严重实际行进路线，从而检测出的导航直线也偏离了行进路线。

　　从图 5-8a、图 5-8b、图 5-8c 的检测结果中可以看出，各图检测的候补点集群，及利用过已知点的 Hough 变换检测出的导航直线完全吻合导航目标特征，其中从图 5-8b、图 5-8c 中可以看出，本检测算法不受田间的滴管带支管、杂草等孤立噪声的影响，算法的鲁棒性较强，而图 5-8d 中由于导航目标特征出现中断，所以导航直线发生偏斜。

5.5.2　壮苗期视觉导航路径检测与试验分析

　　图 5-10 是棉花壮苗期进行化控作业时采集的原图像及其导航路径检测结果图。图中的方框、候补点集群及已知点的表示方法与前述相同。其中图 5-10a 棉花行列整齐，且棉行左侧有地膜阴影，图 5-10b 的棉花有缺苗断行现象。

a. 棉苗整齐，有阴影　　　　　　　　　b. 棉苗断行

图 5-10　壮苗时期原图像及检测结果图

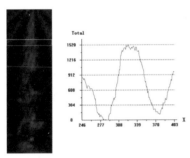

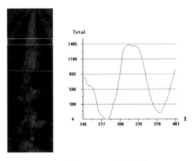

a. 图 5-10a 灰度化　　　　　　　　　b. 图 5-11a 滤波后

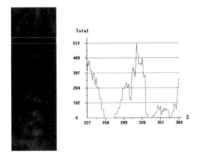

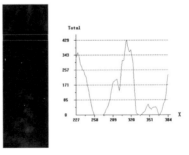

c. 图 5-10b 灰度化　　　　　　　　　d. 图 5-11c 滤波后

图 5-11　为图 5-10 中原图像经过 2G-R-B 灰度化后图像及滤波前后对比

图 5–11 是图 5–10 中各图像利用 $2G$–R–B 颜色模型灰度化后的图像及经过滤波后的图像。图 5–11a 是图 5–10a 灰度化后的图像及图像处理区域的垂直累计分布图，从图中可以看出，经过 $2G$–R–B 颜色模型灰度化后，图像中的绿色特征得到有效增强，而地膜、阴影等特征被有效抑制。图 5–11b 是经过移动平均滤波后的图像及垂直累计分布图，从图个中可以看出，经过滤波后，图像中的尖锐噪声被剔除，为后续的边界处像素点的提取奠定了基础。图 5–11c 是图 5–10b 灰度化后的图像，从图中可以看出在棉花断行处，灰度累加值急剧减少，但断行处的覆土特征，仍具有一定程度的导航特征，且累计分布图也符合棉苗行列中心检测算法，因此仍能在一定程度上检测处候补点集群。

从图 5–10 中棉苗行左右边界处的点集群的分布情况可以看出，检测出的分界处的点集群吻合棉苗的行列的左右边界。从左右边界中间的视觉导航候补点集群的分布情况可以看出，检测出的候补点集群吻合棉苗行列的中线特征。从图 5–10b 中可以看出，棉苗断行处，只要覆土特征存在，仍可继续利用此算法进行候补点集群的检测，但准确性有所降低。

从图 5–10 中的视觉导航直线的检测结果可以看出，该算法检测出导航直线贴合棉苗行列的中心线特征，且该算法通过前后帧相互关联的方法进行检测，可以有效提高算法的鲁棒性和实用性。

5.5.3　现蕾期及花铃期视觉导航路径检测与试验分析

在现蕾期及花铃期，棉花已经完全成行，且棉花的覆盖面积随着生长期的增长而逐步增大，因此二者的检测算法基本相同，唯一不同的地方在于：随着棉花的生长，棉业覆盖面积的增大，图像的处理窗口将逐步加大，以确保能够完全采集到棉花的行列边缘特征。

因为在图像处理区域内，壮苗期、现蕾期及花铃期的棉苗行列中心特征的候补点集群检测算法相同，其中只有相关检测过程中的边界条件值选择不同，因此，本书只对算法结果进行分析，不再对处理过程做详细的分析。

图 5-12 为现蕾期及花铃期田间作业时采集的原图像及检测结果图。图中的图像处理区域、候补点集群、已知点及导航直线的表示方法如前所述。

图 5-12a 为现蕾期采集的图像，图中棉苗行笔直，地膜及地表有裸露，行间有棉花的阴影。图 5-12b 为现蕾期采集的图像，图中棉行间散落着许多秸秆及棉花阴影，地膜及地表有裸露。图 5-12c 为现蕾期采集的图像，图中棉苗行笔直，且图中左侧的行间布满阴影。图 5-12d 为现蕾期采集的图像，图中下方棉苗比上方的棉苗明显偏小，图中下方的棉苗为后期补种。

从图 5-12 的各图像的候补点集群的检测结果中可以看出，本书研究的算法能够准确的提取出该时期的棉花行的边界点特征，从而寻

a. 现蕾期

b. 现蕾期，棉行间有秸秆

c. 花铃期

d. 花铃期，棉行中有小苗

图 5-12 现蕾期及花铃期的原图像及检测结果图

找到视觉导航的候补点集群，检出的候补点集群吻合棉花行的中线特征，且前后帧关联的检测算法可以保证候补点集群能够集中连续分布。

从图 5–12 的各图像的导航直线检测结果中可以看出，基于棉苗行列中心线特征寻找候补点集群，基于过已知点 Hough 变换检测出的导航直线贴合棉苗行列的中线特征。

5.5.4　田管期导航路径检测综合分析

为了验证棉花在田管期视觉导航路径检测算法的实时性和准确性，对采集到的棉花田管时期各环节的田间实时作业视频进行处理，并统计分析其中的检测错误帧数及处理速度，其结果如表 5–3 所示。

从表 5–3 中可以看出，利用铺膜播种机视觉导航路径的检测算法，可以有效地检测出出苗期的田间导航路线，平均每帧图像检测时间为 41.43 ms。利用基于棉苗行列中线特征的候补点集群检测算法检测候补点，而后基于过已知点的 Hough 变换可以有效、准确地检测棉花壮苗期、现蕾期及花铃期的视觉导航路线，其中在壮苗期平均每帧图像的检测时间为 67.88 ms，在现蕾期平均每帧图像的检测时间为 68.73 ms，在花铃期平均每帧图像的检测时间为 74.78 ms。

从表 5–3 中的"检测错误的起始帧"列中可以看出，在出苗期与壮苗期，由于种穴覆土特征消失以及棉行中断等问题，会造成导航直线的检测发生错误。在实际的检测过程中，由于导航路径检测过程中会同时进行田端的检测，因此当出现上述特征时，会进行田端的检测，以提醒驾驶员转换驾驶模式，确保作业机械在田间的行走路线。

试验结果表明，本书开发的田管时期视觉导航路线的检测算法检测准确率高，算法运算速度快，能够满足田管时期不同作业环节的田间实时作业要求。

表 5-3 田管期视觉导航路径检测算法试验结果

田管环节	视频序号	视频帧数	检测错误的起始帧（帧）	平均处理速度（ms/帧）	准确率（%）	备注
出苗期	1	2401	/	42.27	100	种穴覆土特征明显
	2	2000	/	40.46	100	种穴覆土特征明显
	3	3948	/	41.40	100	种穴覆土特征明显
	4	4601	/	41.02	100	种穴覆土特征明显
	5	3346	/	42.03	100	种穴覆土特征明显
	6	2845	/	41.56	100	种穴覆土特征明显
	7	1844	1481	41.73	100	种穴覆土消失
	8	2860	2561	41.01	100	种穴覆土消失
壮苗期	1	601	/	67.90	100	棉苗行连续
	2	1051	/	67.10	100	棉苗行连续
	3	1801	/	68.42	100	棉苗行连续
	4	2696	/	67.56	100	棉苗行连续
	5	3824	/	67.82	100	棉苗行连续
	6	3219	2815	68.23	100	棉行中断
现蕾期	1	1502	/	68.86	100	棉苗行连续
	2	1301	/	69.94	100	棉苗行连续
	3	1852	/	68.35	100	棉苗行连续
	4	2446	/	68.63	100	棉苗行连续
	5	3128	/	69.32	100	棉苗行连续
	6	2638	/	67.75	100	棉苗行连续
花铃期	1	6452	/	77.63	100	棉苗行连续
	2	4501	/	73.93	100	棉苗行连续
	3	3000	/	72.31	100	棉苗行连续
	4	2301	/	75.00	100	棉苗行连续
	5	2001	/	72.81	100	棉苗行连续
	6	1701	/	72.62	100	棉苗行连续

5.6 采棉机视觉导航路径检测及试验分析

针对收获时期的棉田图像，首先判断棉花的收获区域方向，基于寻找波峰上升沿临界点的检测算法寻找候补点集，而后利用过已知点Hough 变换进行棉花收获时期的视觉导航路线拟合。本节利用采集的视频对视觉导航路径进行试验验证，并分析算法的准确性与实时性。

图 5-13 是田间收获作业中的原图像及检测结果的例图。图中的方框、候补点集群及已知点的表示方法与前述相同。

图 5-13a、图 5-13b 右侧为已收获区域，图像采集时光照比较强，从图中可以看出棉花脱叶效果比较好，未脱净的棉叶呈暗红色。图 5-13b 中未收获区域有阴影，已收获区地面有裸露现象。图 5-13c、d 左侧为已收获区域，图像采集时光照比较柔和，从图中可以看出棉花脱叶效果较差，未脱净的棉叶呈深绿色。图 5-13c和图 5-13d 中，已收获区与未收获区的行间有明显的阴影区域。

a. 右侧已收获

b. 右侧已收获，未收获区有阴影

c. 左侧已收获，行间有阴影

d. 左侧已收获，未收获区缺少棉花

图 5-13　原图像及检测结果的例图

图 5-13d 中在已收获区与未收获区分界处的棉花行上，有一段区域棉花很少，与已收获区的边界差异不显著。

图 5-14 是图 5-13 中各图像的处理窗口区域经 $3B-R-G$ 变换后的灰度图像及浮动窗口中垂直累计分布图。可以看出，在灰度图像上，增强了棉花区域，抑制了棉秆、棉叶、地面等非棉花区域，为后续边界处像素点集群的提取奠定了基础。

从图 5-13a、图 5-13b、图 5-13c 中的候补点的分布可以看出，先利用波谷寻找参考点，而后向未收获区方向寻找波峰上升临界点作为候补点的方法，可以有效地检测分界处棉花的边缘。从图 5-13d 中候补点的分布中可以看出，在已收获区与未收获区有棉花的区域，利用前面的方法可以有效地检测分界处棉花的边缘，而在已收获区与

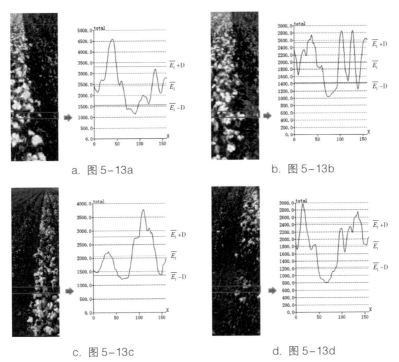

a. 图 5-13a

b. 图 5-13b

c. 图 5-13c

d. 图 5-13d

图 5-14 为图 5-13 图像处理区域经 $3B-R-G$ 后灰度化图像及垂直累计分布图

未收获区边界处缺少棉花的区域，利用关联前一帧直线检测结果的方法，可以有效地找到本帧图像中候补点的替代点，且直线的检测结果未受缺少棉花等因素的影响。

从图 5-13 中各图像的直线检测结果中可以看出，利用上述方法找到的候补点集，基于过已知点 Hough 变换拟合出的直线，贴合已收获区与未收获区的棉花边缘，可作为采棉机田间作业的导航线。

利用采棉机在田间作业过程中实际采集的多段视频图像，对该算法进行了试验验证，其结果如表 5-4 所示。

表 5-4　收获期视觉导航路径检测算法试验结果

视频序号	视频帧数（帧）	错误起始帧（帧）	准确率（%）	平均处理速度（ms/帧）	收获类型
1	1598	/	100	56.16	左侧收获
2	2386	/	100	56.48	左侧收获
3	2540	/	100	56.73	左侧收获
4	1390	1160	/	57.55	右侧收获
5	1249	840	/	56.62	右侧收获
6	2403	/	100	53.0	右侧收获
7	1573	/	100	82.83	右侧收获
8	1980	/	100	81.96	右侧收获

从表 5-4 中可以看出，对视频 1、2、3、6、7、8 进行的检测，其准确率达到 100%。视频 4 和视频 5 在采集时，采棉机作业方向上有行人，在视频中未出现行人前，检测结果的准确率达到 100%，当有行人在视频中出现时，检测的直线发生偏移，引起以后的连续检测错误。图 5-15 为原图和错误检测结果例图。由于行人的衣服颜色及其行走等因素的影响，导致检测的最低波谷和候补点发生偏移，因此检测结果出现错误。而在实际生产中，应进行障碍物的检测，当有行人或其他障碍物在采棉机行走方向上出现时，使采棉机停止作业。

图 5-15　原图像和错误检测结果例图

从表 5-4 中可以看出，本书研究的算法能够快速、准确、有效地检测出收获区与未收获区的分界线、且检测出的目标直线准确率高，算法运算速度快，其中导航直线的平均每帧图像检测时间为 56.10ms。本书研究的采棉机导航直线检测方法，能够满足机采棉实时作业要求，同时也可为小麦、玉米等作物机械化收获时视觉导航路径的检测算法研究提供理论支持。

5.7　小结

本章首先介绍了最小二乘法、一般 Hough 变换以及过已知点 Hough 变换等几种常用的直线检测算法，并且通过试验分析了三种方法的优缺点，最终选用过已知点 Hough 变换进行棉花机械化生产全过程的视觉导航直线的拟合。

其次，本章介绍了棉花机械化生产过程视觉导航路径的检测算法流程，并且通过在棉花不同生产时期采集视频，对各时期的导航路径的提取算法进行了试验与分析。试验结果表明，通过本书研究的导航直线检测算法检测出的直线能够准确吻合各时期的视觉导航的目标特征，检测准确率高，同时受外界的干扰较少，鲁棒性强，且本书研究算法检测速度快，在棉花播种时期，平均每帧图像检测导航路径的时间为 72.02ms，在棉花田管时期，出苗期平均每帧图像检测时间为 41.43ms，壮苗期平均每帧图像的检测时间为 67.88ms，现蕾期平均每帧图像的检测时间为 68.73ms，花铃期平均每帧图像的检测时间为 74.78ms。在棉花收获期，平均每帧图像的检测时间为 56.10ms，能够满足各时期农业机械田间作业实时性的要求。

本书研究的棉花机械化生产全过程的视觉路径的检测算法能够为玉米、小麦等其他作物的机械化生产过程中视觉导航路径的检测提供理论支持。

6 棉田边界视觉检测算法研究

在农田自主视觉导航技术的研究过程当中，不仅要对农田的播种线、农作物行列、已作业区与未作业区的边界等田内作业路径进行检测，同时为了保证作业的完整性、连续性，还需要对农田的田边、田端等边界特征进行检测，以确保农业机械首次进地作业时。农田环境是非结构化环境，主要由农作物、杂草、土壤以及其他一些干扰因素等组成。农田作业区内、作业区外从宏观上判断时是界线明显，但从微观上看农田边界的十分复杂，且边缘很不规则，因此准确的判断比较困难。本章节主要通过分析棉田作业区内外环境的差异，提取分界处的目标特征，建立相应的判别方法，从而获取棉田的边界信息，为建立完整的视觉导航系统奠定基础。

6.1 棉田边界分类

棉田区域分布如图 6-1 所示，主要分为已作业区、未作业区、棉田田端、田外区域等四个区域。棉花机械化生产过程中视觉导航路线的检测时，主要检测目标是已作业区与未作业区的分界线、田侧边缘以及棉田田端等，其中作业区与未作业区的分界线是农业机械在田间作业时的导航路径，在第 4、5 已经做过相关的研究。棉田的边界特征主要包括田端、田侧边缘等。

棉田田端为农业机械在行驶方向上的终止边界，在棉花播种、田管植保、收获等机械化生产过程中，需要实时判定机械是否到达田端，以确保农业机械能及时换行工作或停止工作。

田侧边缘分为两类，一类为农业机械刚进地时，沿着田侧边缘前进，此时的田侧边缘有时会作为机械视觉导航的目标特征，另一类是

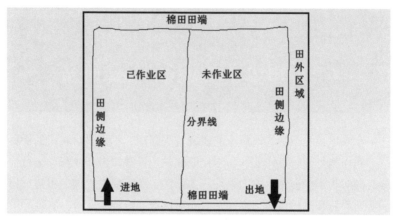

图 6-1　棉田区域分布示意图

农业机械完成田内作业出地时，此时的田侧边缘是农业机械完成作业的标识，有时也会作为农业机械最后一个作业行程时的视觉导航特征。

6.2　田端检测算法

棉花生长进程中不同时期，棉田田内环境和田外环境差异很大，因此本节根据棉花不同生育期对田端检测方法进行研究。

6.2.1　播种期田端检测

在棉花播种的时期，铺膜播种机是按照划行器在地面上所划的痕迹行走，当达到田端时，地面上的划行器所划的痕迹也到达终点。在检测铺膜播种机的视觉导航路径时，主要是基于寻找垂直累计分布图的波谷点的方法进行检测，垂直累计分布图的波谷点对应的图像中的位置就是划行器在地面上所划的痕迹，当划行器的所划痕迹田端消失后，则垂直累计分布图的波谷点位置会发生变化。因此，播种期的田端可以通过检测划行器所划痕迹的终止点来检测。

播种期田端检测的示意图如图 6-2 所示。

具体检测方法如下。

在检测田端的时候，首先依据铺膜播种机视觉导航路线的检测算法进行检测导航路线，同时在图像的 y 方向上 $ysize/4$ 处设立检测窗口，分别查看 $ysize/4$ 的上、下各 10 行的后补点集群的数据，即读取铺膜播种机视觉导航路线的检测算法中数组 V 中 $ysize/4$ 处上下各 10 行的数据，并分别计算上下 10 行候补点集群的平均值，并分别记为 x_t 及 x_d。

若 $|x_t - x_d| \geqslant 2m$，则认为达到了田端，停止检测，否则继续执行导航直线检测算法。

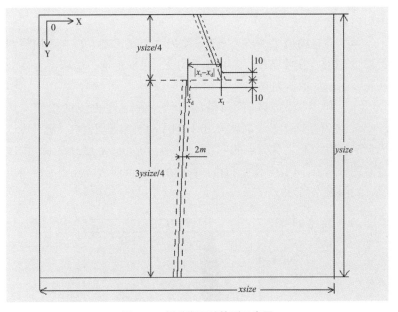

图 6-2　播种期田端检测示意图

6.2.2　田管期田端检测

在棉花田管时期，棉田田端最显著的特征就是棉苗行列的终止线，同时也伴随着目标特征的消失。因此，通过统计棉花目标特征在局部图像处理窗口的变换，来检测农业机械是否到达了田端。其基本思想为：在检测田管环节导航路径之前，首先利用局部窗口的特征变化判断是否到达田端。

具体步骤如下。

（1）在检测导航路径的图像处理区域内开设局部处理窗口，窗口为坐标 $(sx, yszie/24)$，$(sx, 5yszie/24)$，$(ex, yszie/24)$，$(ex, 5yszie/24)$ 所围成的区域，如图 6-3 所示。统计计算窗口内像素点的个数 ω_1。

（2）基于 $2G-R-B$ 颜色模型对窗口图像进行灰度化，提取窗口内棉苗的目标特征，同时在第一帧图像进行窗口灰度化后，统计窗口内的平均灰度值 $\overline{E_2}$。

（3）统计窗口内的灰度值大于 $\overline{E_2}$ 像素点的个数 m_1，并计算其占窗口内总像素点的比值 $k_1 = m_1/\omega_1$。

（4）设定阈值 T_1，若 $k_1 < T_1$，则表明出现田端。T_1 在不同时期的取值不同，在壮苗期，T_1 取值为 0.2，在现蕾期，T_1 取值为 0.3，在花铃期，T_1 取值为 0.4。

（5）利用局部窗口行扫描的方法，确定终止线的位置。从 $j=yszie/6$ 开始向上开设高度为 10 行的浮动图像处理窗口，统计窗口内上灰度值大于 $\overline{E_2}$ 像素点的个数 r_1，若 $r_1 < \eta \times (ex-sx)$（$\eta$ 在不同的田管时期，取值不同），停止扫描，此时的第 j 行即为所检测的田端位置，如图 6-3 所示。

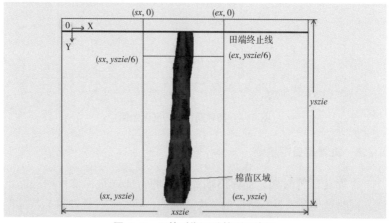

图 6-3　田管时期田端检测示意图

6.2.3 收获期田端检测

在棉花机械化收获时期，为了保证采棉机在地头有充足的转弯掉头空间，一般利用人工将地头的棉花采摘一段距离，因此在棉田的田端有一部分区域为已收获区，田端有明显的颜色突变，因此利用局部窗口的像数值突变算法可以有效检测棉田田端。棉花收获时期田端检测的基本思路为：可以在每帧图像检测目标直线之前，先在局部图像处理窗口内判定是否达到田端。

具体检测算法如下。

（1）在棉花未收获区域设置处理窗口，窗口宽度为窗口设置在棉花未收获区内，以左侧棉花未收获为例，窗口区域为起点 $(0, yszie/6)$，终点 $(ex, yszie/3)$ 所围成的矩形区域。统计计算窗口内像素点的个数 ω_2。

（2）提取窗口处理区域的目标特征，依次读取处理窗口内每个像素点的 R、G、B 值，当其满足公式（6-1）时，标记为白色（255），否则为黑色（0），获得 2 值图像。

$$\begin{cases} |R - B| \leqslant T_2 \\ |B - G| \leqslant T_2 \\ |R - G| \leqslant T_2 \end{cases} \tag{6-1}$$

其中经过分析棉花的颜色特征及颜色值，选择 $T_2 = 10$。

（3）统计窗口内的白色像素点的个数 m_2，并计算其占窗口内总像素点的比值 $k_2 = m_2 / \omega_2$。

（4）设定阈值 T_2，若 $k_2 < T_2$，则表明出现田端。T_2 取值为 0.3。

（5）利用局部窗口行扫描的方法，确定终止线的位置。从 $j = yszie/6$ 开始逐行向下扫描田端图像处理窗口内像素点，统计每行扫描线上白色像素点的个数 r_2，若 $r_2 < ex/3$，停止扫描，此时的第 j 行即为所检测的田端位置。

6.3 田侧边缘检测算法

在棉田环境中，每块棉田都有田侧边缘线，但是在不同的生产时期，田侧边缘表现的特征和作用也不尽相同，有的可以用作农业机械首次进地作业时的导航目标线，有的可作为农业机械最后一个行程作业时导航目标线，有的则在导航目标线检测中没有实际意义。

在棉花播种时期，由于要求播行笔直，因此在播种前期，都有专门的农艺师在棉田内插上对应或者利用 GPS 定位，以确保播种的棉行的直线度；而在棉花田管时期，中耕、植保机械进出地都是按照棉花行的行走，因此在棉花播种和田管时期，不需要田测边缘进行检测。

在棉花收获期，田侧边缘为采棉机首次进地作业时的导航目标线。田侧边缘线的一侧为田内棉花区域，另一侧为田外区域，将棉花区域的边缘线作为检测目标。田内区域在图像上的位置，因采棉机首次进地作业的方向不同而不同，本书以田内区域在图像的左侧为例讨论检测算法。

（1）设定处理窗口。按照 4.5.1.1 中步骤（1）的方法设定处理窗口。

（2）图像二值化处理，依次读取处理窗口内每个像素点的 R、G、B 值，当其满足公式（6-1）时，标记为白色（255），否则为黑色（0）。

（3）对于获得的 2 值图像，基于列累加进行去噪处理，消除田外区域的噪声影响。从 $i=sx+2$ 列开始，统计二值图像上相邻 5 列的白色像素点个数 z，如果 $z \geq yszie / 2$，则保留中间列（目标列），否则将目标列所有像素点的亮度值置为零。

（4）在二值图像上，利用浮动窗口对图像处理窗口的像素值进行垂直方向的累计，并记入数组 Q_1，方法同 4.5.1.1 中步骤（3）。

（5）从田外区域向田内区域方向寻找田侧边缘像素点。如果右侧为田外区域，从 $q=ex-sx$ $(0 \leq q \leq ex-sx)$ 开始扫描数组 Q_1，如果左侧为田外区域，则从 $q=0$ 开始扫描数组 Q_1，当 $Q_1[q]=255$ 时，停止扫描，记录 $p_p=q+sx$，此时的 p_p 即为浮动窗口中间行的候补点 x 坐标。

（6）循环执行步骤（4）到（5），即可求出田侧边缘的候补点群；求取 Hough 变换的已知点，并基于过已知点 Hough 变换，提取田侧边缘线。

6.4　试验结果与分析

6.4.1　播种期田端检测结果试验与分析

图 6-4a 所示为播种时期棉田田端原图像及检测结果图。图中水平直线表示检测出的田端位置，即满足 $|x_t - x_d| > 2m$ 停止条件时的位置。从图中可以看出，当田端区域进入图像后，图像上方将出现区域分界线的末端，通过判断此末端的位置即可实现田端的检测。

图 6-4b 所示为在导航路线检测过程中误检为田端的结果。图中水平直线表示检测出的田端位置。从图 6-4b 中候补点集的分布可以看出，由于图像中的风沙较大，造成图像中顶部 1/4 区域的候补点群和图像底部 3/4 区域的候补点群分散，达到 $|x_t - x_d| > 2m$ 的停止条件，所以误检为田端。因此，在导航路线的检测过程中，虽然

a. 田端　　　　　　　　　　　　b. 误检田端

图 6-4　播种期棉田田端原图像及检测结果图

Daubechies 小波平滑算法可以消除扬沙天气对检测结果的影响，若扬沙天气严重，则可能导致算法错误。

6.4.2 田管期田端检测结果试验与分析

图 6-5 为棉花田管时期棉田田端原图像及检测结果图。图中蓝色矩形区域为图像处理区域，图中的青色矩形区域为田端检测窗口，图中的红色水平直线代表检测出的田端位置。

图 6-5a 为棉花出苗期的棉田田端的图像及田端检测结果图。从图中可以看出，在棉花出苗期阶段，棉田田端的突出特征为覆盖的地膜特征消失，而棉花幼苗由于太小，图像中显示的不够清楚，因此在幼苗期，检测田端时，对目标特征进行了更改，采用的地膜的亮度特征变化，而后基于田管时期的检测算法进行检测。图 6-5b 是图像处理区域经过 $3B-R-G$ 颜色模型灰度化后的图像，从图像中可以看出，图像灰度化后，棉苗的行列特征变暗，而地膜的亮度被强化，在田头区域，由于大部分是裸露的地表和杂草，所以经过灰度化后，亮度变暗，田端特征明显。从图 6-5a、图 6-5b 中的田端检测结果可以看出，检出的田端直线处于地膜消失的尽头，符合实际田端的特征。

图 6-5c 为棉花现蕾期棉田田端原图像及田端结果图。从图中可以看出，在棉花田端，最突出的特征就是棉花行列特征消失，即超绿特征消失。图 6-5d 是利用 $2G-R-B$ 模型对图像处理区域进行灰度化后的图像，从图中可以看出，经过灰度化后，棉苗的绿色特征被增强，而地膜、地表、秸秆等的颜色特征被抑制，在田端，绿色特征消失，田端特征明显。因此利用像素值突变法，能够准确的检出田端。从图 6-5c、图 6-5d 的田端检测结果中可以看出，检出的田端位置符合现蕾期棉田田端特征。

图 6-5e 为棉花花铃期的棉田田端原图像及田端结果图。从图中可以看出，在棉花田端，棉花行列的绿色特征消失，但在田端前方有大面积的杂草。图 6-5f 是利用 $2G-R-B$ 模型对图像处理区域进行灰度化后的图像，从图中可以看出，经过灰度化后，棉苗的绿色特征被增强，而地膜、地表、秸秆等的颜色特征被抑

 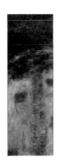

a. 出苗期田端　　　　　　　b. 图像处理区域 3*B*-*R*-*G* 图像

c. 现蕾期田端　　　　　　　d. 图像处理区域 2*G*-*R*-*B* 图像

e. 花铃期田端　　　　　　　f. 图像处理区域 2*G*-*R*-*B* 图像

图 6-5　田管期田端原图像及检测结果

制，但同时田头的杂草特征也被强化，但从图中可以看出，在棉苗田端距离杂草有一段距离，从灰度图中可以看出，在田端检测窗口的上部区域，亮度特征被明显削弱，因此，也可以利用本书的田端检测算法检测出田端。从图 6-5e、图 6-5f 的田端检测结果中可以看出，检出的田端位置符合花铃期的棉田田端特征。

6.4.3　收获期田端检测结果试验与分析

图 6-6 是收获期棉田田端的原图像及检测结果图，其中图 6-6a 为采棉机在田间作业时的田端情况（田内田端），图 6-6b 为采棉机首次作业时的田端情况（田侧田端）。图中的横向直线为检出的田端位置。由于利用采棉机作业时，一般田端的棉花都会人工捡拾一段距离，以确保采棉机足够的转弯空间，因此利用像素点数突变的方法，可以有效地检测出田端位置（没有棉花的位置）。同时，由于开设的田端处理窗口，涵盖了整个图像的未收获区域一侧，可以有效避开因为未收获区中由于部分区域缺少棉花而造成的田端误检。

a. 田内田端　　　　　　　　　　　　　　b. 田侧田端

图 6-6　收获期棉田田端图像及检测结果图

6.4.4　收获期田测边缘检测结果试验与分析

图 6-7 是棉花收获期田侧边缘的原图像及检测结果的例图。图 6-7a 的田外区域有葵瓜根茬、车轮的印迹及杂草等。图 6-7b 的田外区域有杂草、车轮印记、田埂等。

图 6-8 中 a、b 是图 6-7 中各图像利用公式（6-1）提取棉花目标后的结果。从提取的结果可以看出，利用公式（6-1）可以有效提

a. 例图 1   b. 例图 2

图 6-7 田侧边缘原图像及检测结果例图

 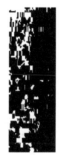

a. 图 6-7a   b. 图 6-7b

图 6-8 为图 6-7 的棉花提取图像

a. 图 6-8a   b. 图 6-8b

图 6-9 为图 6-8 去噪后图像

取田内区域的棉花目标，同时田外区域的杂草、根茬及车轮印记等诸多因素的影响大部分都得到了抑制。

图6-9中a、b是图6-8中各图像经过列累加阈值去噪后的图像，可以看出，田外区域的噪声被有效剔除，田侧边缘总体特征保留完好。

从图6-7中各图像的直线检测结果中可以看出，利用上述方法检测出的候补点集群紧密贴合田侧边缘的棉花目标，检测出的目标直线贴合田侧边缘，可以作为采棉机首次作业的导航线。

6.5　小结

本章首先对棉田的边界环境特征进行了分类和描述，对棉田田端及田侧边缘的主要特征进行了分析。而后主要介绍了播种时期、田管时期及收获时期的棉田田端检测算法及收获期的田侧边缘线检测算法。对于播种时期的田端，基于 $yszie\,/\,4$ 处上下各10行的候补点坐标差值 $|x_t - x_d| > 2m$ 检测划行器在地面上所划痕迹的消失特征；对于田管时期的田端，基于局部图像处理窗口的像素点值突变算法检测棉苗行列在田端的消失特征；对于收获时期的田端，基于未收获区的局部图像处理窗口的像素点值突变算法检测与田端人工采收区域的分界特征；对收获期的棉田田侧边缘线检测，首先基于 R、G、B 之间的分量差方法提取棉花目标特征，而后进行列累加去处理，并基于浮动窗口的中像素亮度值突变从田外区域向田内区域寻找田侧边缘的候补点集，而后基于过已知点 Hough 变换提取田侧边缘线。试验证明，本书研究的棉田田端、田侧边缘等棉田边界检测算法能够准确地提取出棉田的边界线，符合棉田的实际环境特征。

7 结论与展望

视觉导航具有适应复杂的田间作业环境、探测范围宽、信息丰富完整等技术优势，是农业机械自动导航技术领域的研究热点。由于受农田环境的非结构化特性、农作物的多样性、农田机械化作业环节的重复性以及田间机械化作业要求的准确性等多重因素的制约，因此，如何在自然环境下快速、准确、有效地提取农田机器人的行走路线是视觉导航技术研究的关键。

7.1 结论

本书主要以棉花播种、田管、收获等机械化生产环节为研究对象，重点探讨了棉花不同生育阶段的视觉导航目标特征、不同机械化生产过程中视觉导航候补点的检测算法、视觉导航路径检测算法及农田边界环境的检测算法等。主要研究结论如下。

（1）构建了棉花机械化生产过程视觉导航路径检测系统的软件结构及图像采集与处理方案。软件系统主要由图像采集、图像预处理、铺膜播种机视觉导航路径检测、棉花田管环节视觉导航路径检测、采棉机视觉导航路径检测模块等组成；图像采集系统的硬件选用爱国者T60型、三星NV3数码相机和Lenovo昭阳E46型计算机，并完成了棉花不同生产阶段的图像采集。

（2）通过探讨分析RGB、HIS、CIE $L^*a^*b^*$等常用的颜色模型的适用范围及优缺点，确定了选用RGB颜色模型；并基于RGB的垂直累计分布图对棉花播种时期、田管时期及收获时期的视觉导航的目标特征进行了研究，为后续的视觉导航路线的提取奠定了基础。

（3）开发了棉花机械化生产过程中不同作业环节的视觉导航候补

点集群的检测算法。针对棉花播种时期，首先利用 R 分量对棉田图像进行灰度化，并利用 Daubechies 小波（$N=8$）进行平滑处理，而后基于寻找垂直累计分布图的最低波谷点的方法以及前后帧相互关联的方法检测候补点集群；针对田管时期，首先利用 $2G-R-B$ 颜色模型对图像进行灰度化，并利用中值滤波进行平滑处理，而后基于寻找棉苗行列中心线特征的方法以及前后帧相互关联的方法检测候补点集群；针对棉花收获时期，首先选用 $3B-R-G$ 颜色模型进行图像灰度化，并利用移动平均化进行平滑处理，而后基于最低波谷点寻找波峰上升沿临界点的方法以及前后帧相互关联的方法检测候补点集群。试验结果证明，各算法能够准确提取出候补点集群，且吻合视觉导航的目标特征。

（4）基于过已知点 Hough 变换实现了棉花机械化生产过程中各环节的视觉导航路径拟合。试验结果表明，本书研究的导航直线检测算法检测准确率高，检出直线能够准确吻合各时期的视觉导航的目标特征，同时受外界的干扰较少，鲁棒性强，且算法速度快，在当前硬件系统下，对于采集的 640 pixels × 480 pixels 图像，在棉花播种时期，平均每帧图像检测时间为 72.02 ms，在棉花田管环节的不同时期，平均每帧图像检测时间不超过 75 ms，在棉花收获期平均每帧图像检测时间为 56.10 ms，能够满足各时期农业机械田间作业实时性的要求。

（5）完成了棉花不同生产时期棉田边界特征的提取与检测。对于播种时期的田端，基于 $yszie/4$ 处上下各 10 行的候补点坐标差值 $|x_i - xd| > 2m$ 检测划行器在地面上所划痕迹的消失特征；对于田管时期的田端，基于局部图像处理窗口的像素点值突变算法检测棉苗行列在田端的消失特征；对于收获时期的田端，基于未收获区的局部图像处理窗口的像素点值突变算法检测与田端人工采收区域的分界特征；对收获期的棉田田侧边缘线检测，首先提取棉花目标特征，而后进行列累加处理，并基于浮动窗口中的像素亮度值突变从田外区域向田内区域寻找田侧边缘的候补点集，最后基于过已知点 Hough 变换提取田侧边缘线。试验结果表明，本书研究的棉田边界检测算法能够

准确的提取出棉田的边界线，符合棉田的实际环境的特征。

7.2 创新点

（1）首次实现了对棉花的播种、田管、收获等全程机械化视觉导航路径的检测，为视觉导航技术的推广应用奠定了基础。

（2）针对棉花不同生产环节，分别提出以 R 分量、$2G$–R–B、$3B$–R–G 等色差模型实现图像灰度化，增强视觉导航的目标特征。

（3）提出了基于灰度值垂直累计分布图的最低波谷点、棉苗行列中心、波峰上升沿临界点等导航路径候补点集群的检测方法，为导航路径的检测奠定了基础。

（4）基于计算局部处理窗口内候补点集群的坐标差值、像素值突变等方法，实现了棉田田端和田侧边缘的检测，构建了棉花机械化生产过程视觉导航路径检测系统。

7.3 展望

本书主要研究了棉花机械化生产过程视觉导航路径及棉田边界特征的检测算法，并进行了试验分析，试验结果表明，该检测方法的运算速度快、准确性高且鲁棒性强。为推动研究成果的实用化进程，在今后的研究过程还需要对以下几个方面进行进一步完善研究。

（1）本研究只是针对导航路径的检测算法进行了研究，其试验分析过程也只是通过图像采集装置采集的视频进行分析研究，如果进一步推动实用化，要进行田间实际环境下的路径检测试验，确保算法的可靠性。

（2）本研究是基于笔记本电脑进行的算法开发研究，为了确保系统硬件装置的紧凑性、田间使用的便利性等，建议在以后的研究过程中搭建微型计算机视觉导航硬件系统，有助于推动研究的实用化进程。

（3）在后续的研究过程中，要加强视觉摄像机标定、导航参数提取、田间障碍物检测、田间测距、自动导航执行机构及自动转向控制系统等方面的研究，推动视觉导航技术在棉花机械化生产过程中的应用进程。

参考文献

[1] 农业部农业机械化管理. 全国农业机械化发展第十二个五年规划（2011—2015 年）[Z]. 2011, 9.

[2] 新疆生产建设兵团统计局，国家统计局兵团调查总队. 新疆生产建设兵团统计年鉴 –2011[Z]. 北京：中国统计出版社，2011.

[3] 新疆生产建设兵团农机局. 兵团 2010 年农机化行业工作总结及 2011 年工作思路 [Z]. 2010.

[4] 何东健，何勇，李民赞，等. 精准农业中信息相关科学问题研究进展 [J]. 中国科学基金, 2011(1):10–14.

[5] Li M，Sasao A，Shibusawa S, et al . Local variability of soil nutrient parameters in Japanese small size field[J]. Journal of the Japanese Society of Agricultural Machinery (in Japanese),1999,61(1):141–147.

[6] Hummel J W, Sudduth K A，Holinger S E. Soil moisture and organic mater prediction of surface and subsurface soils using a NIR sensor[J]. Computers and Electronics in Agriculture, 2001,32:149–165.

[7] Lindenmayer A. Mathematical models for cellular interaction in development[J]. Journal of Theoretical Biology, 1968,18(3):280–315.

[8] Prusinkiewicz P, Hammel M. Automata, language, and iterated function systems, In: Fractal Modeling in 3D Computer Graphics and Imagery[J]. Hart J C, Musgrave F k (eds.), ACM SIGGRAPH, Course Note C14. 1991:115–143.

[9] L F M Marcelis, E Heuvelink , J Goudriaan. Modeling biomass production and yield of horticultural crops: A review[J].Scientia Horticulture, 1998,74:83–111.

[10] Lintermann B, Deussen O. Interactive modeling of plants[J]. IEEE

Computer Graphics and Applications, 1999,19(1):56–65.

[11] Chiba N, Oh shida K. Visual simulation of leaf arrangement and autumn colours[J]. The Journal of Visualization and Computer Animatiom,1996,7:79–93.

[12] Michihisa I, Mikio U, Radite P A S. Variable rate fertilizer applicator for paddy field[J]. ASAE Annual International Meeting, Sacramento, California . USA. ASAE Paper No 01–1115.2001.

[13] Engel T, Hoogenboom G, Jones J W, et al. AEGIS/WIN: A computer program for the application of crop simulation models across geographical areas [J]. Agron J, 1997, 89: 919–928.

[14] 耿效华. 发展我国农业机械自动化、信息化和智能化的必要性和重点领域 [J]. 中国农机化 .2007(5):50–52.

[15] 张方明. 田间路径识别算法和基于立体视觉的车辆自动导航方法研究 (D). 杭州 : 浙江大学，2006.

[16] Brooke D W I. Operating experience with wide-wire leader cable tractors [J]. American Society of agricultural Engineers. St. Joseph, M I. 1972, ASAE Paper: 72–119.

[17] Chateau T, Debain C, Collange F. Automatic guidance of agricultural vehicles using a laser sensor [J]. Computers and Electronics in Agriculture, 2000, 28:243–257.

[18] 李建平，林妙玲. 自动导航技术在农业工程中的应用研究进展 [J]. 农业工程学报，2006，22（9）：232–236.

[19] Rutter S M, Beresford N A, Roberts G. Use of GPS to identify the grazing areas of hill sheep [J]. Computers and Electronics in Agriculture, 1997 (17):177–188.

[20] 周俊，姬长英. 自主车辆导航系统中的多传感器融合技术 [J]. 农业机械学报，2002, 33(5): 113–117.

[21] 周俊、姬长英. 基于知识的视觉导航农业机器人行走路径识别 [J]. 农业工程学，2003, 19(6):101–105.

[22] Southall B, Hague T, Marchant J A, et al. An Autonomous Crop

Treatment Robot: Part I. A Kalman Filter Model for Localization and Crop/Weed Classification[J]. International Journal if Robotics Research, 2002,21(1):61–74.

[23] Hague T, Southall B, Tillett N D. A Autonomous Crop Treatment Robot: Part Ⅱ. Real Time Implementation[J]. International Journal of Robotics Researchs, 2002, 21(1): 75–85.

[24] Hall D L. Mathematical technology in multisensor data fusion[J]. Artech House, Boston, London, 1992.

[25] 赵博，王猛，毛恩荣，等. 农业车辆视觉实际导航环境识别与分类 [J]. 农业机械学报，2009, 40(7): 166–170.

[26] Searcy S.W., Reid J.F. Detecting crop rows using the Hough Transform[J]. Proceedings of the ASAE Annual meeting,St.Joseph, MI.1986, paper86–3042.

[27] Reid J.F., Searcy S.W. Vision-based guidance of an agricultural tractor[J]. IEEE Control Sytems,1987,7(12):39–43.

[28] Reid J. F., Zhang Q., Noguchi N, et al. Agricultural automatic guidance research in North America [J]. Computers and Electronics in Agriculture, 2000, 25: 155–167.

[29] Benson. Vision based guidance of an agricultural combine. Ph.D. thesis, University of Illinois, 2001.

[30] Ollis M., Stentz A. First result in vision-based crop line tracking[J]. Proceedings of the 1996 IEEE Conference on Robotics and Automation (ICRA'96), Minneapolis, MN.1996 :951–956.

[31] Pilarski T., Happold M., Pangels H., et al. The Demeter system for automated harvesting[J]. Autonomous Robots,2002,13(1):9–20.

[32] Tillett N D, Hague T, Marchant J A，A Robotic system for plant-scale husbandry[J]. Agric.Eng.Res.,1998, 69:169–178.

[33] Hague T, Tillett N .D. Navigation and control of an autonomous horticultural robot[J]. Mechatronics,1996, 6(2):165–180.

[34] Marchant J A, Brivot R. Real time tracking of plant rows using a

Hough transform[J]. Real Time Imaging, 1995, 1(2): 363–371.

[35] Marchant J A, Hague T, Tillett N D. Row following accuracy of an autonomous vision guided agriculture vehicle[J]. Computers and Electronics in Agriculture,1997, 16(2): 165–175.

[36] Marchant J A. Track of row structure in three crops using image analysis[J]. Computer and Electronics in Agriculture ,1996, 15:161–179.

[37] Pla F., J.M.Sanchiz, J.A.Marchant, et al. Building perspective models to guide a row crop navigation vehicle[J]. image and vision computing,1997, 15: 465–473.

[38] Sanchiz J.M.,J.A.Marchant,F.Pla,et al. Real-Time Visual Sensing for Task Planning in a Field Navigation Vehicle[J]. Real-Time Imaging,1998, 4: 55–65.

[39] Tillett N D, Hague T. Computer-Vision-based Hoe Guidance for Cereals an Initial Trial[J]. Agric.Eng.Res,1999,74:225–236.

[40] Hague T, Tillett N.D.A bandpass filter-based approach to crop row location and tracking[J]. Mechatronics, 2001,11:1–12.

[41] Tillett N.D., Hague T, S.J. Miles. Inter-row vision guidance for mechanical weed control in sugar beet[J]. Computer and Electronics in Agriculture,2002, 33:163–177.

[42] Chateau T, Berducat M, Bonton P. An original correlation and data fusion based approach to detect a reap limit into a gray level image. [J] Proceeding of the 1997 IEEE/RSJ International Conference on Intelligent Robots and Systems,1997, 3: 1258–1263.

[43] Olsen H J. Determination of row position in small-grain crops by analysis of video images[J]. Computers and Electronics in Agriculture, 1995, 12(2): 147–162.

[44] H.T. Søgaard, H.J. Olsen. Determination of crop rows by image analysis without segmentation[J]. Computers and Electronics in Agriculture, 2003, 38:141–158.

[45] Astrand B.,Baerveldt A.J. An agricultural mobile robot with vision-based perception for mechanical weed control[J]. Autonomous robots,2002,13:21-35.

[46] Torii T. Research in autonomous agriculture vehicles in Japan. Computers and Electronics in Agriculture, 2000, 25:133-153.

[47] Yutaka Kaizu. Prototype rice transplanter masters the paddy with machine vision.(Automation Technology).2005,http://www.access-mylibrary.com.

[48] Cho S.I.,N.H.Ki. Autonomous speed sprayer guidance using machine vision and fuzzy logic[J]. Transactions of the ASAE,1999,42(4):1137-1143.

[49] Shin B.S.,S.H.Kim. Autonomous Guidance System for Agricultural Machine Vision[J]. Proceeding of ASAE Annual International Meeting, Sacramento,California,USA.2001.Paper Number:01-1194.

[50] 沈明霞. 自主行走农业机器人视觉导航信息处理技术研究 [D]. 南京：南京农业大学，2001.

[51] 沈明霞，李秀智，姬长英. 基于形态学的农田景物区域检测技术 [J]. 农业机械学报，2003,34(1)：92-94.

[52] 沈明霞，姬长英，张瑞合. 基于小波变换的农田景物边缘检测 [J]. 农业机械学报，2001,32(2)：27-29.

[53] 沈明霞，姬长英，张瑞合. 基于农田景物边缘的农业机器人自定位方法 [J]. 农业机械学报，2001,32(6)：49-51.

[54] 周俊. 农用轮式移动机器人视觉导航系统的研究 [D]. 南京：南京农业大学，2003.

[55] 周俊，姬长英. 农业机器人视觉导航中多分辨率路径识别 [J]. 农业机械学报，2003,34(6)：120-123.

[56] 周俊，程嘉煜. 基于机器视觉的农业机器人运动障碍目标检测 [J]. 农业机械学报，2011,42(8)：154-158.

[57] 安秋，李志臣，姬长英，等. 基于光照无关图的农业机器人视觉导航算法 [J]. 农业工程学报，2009,25(11)：208-212.

[58] 罗锡文，区颖刚，赵祚喜，等．农用智能移动作业平台模型的研制 [J].农业工程学报，2005, 21(2): 83–85.

[59] 张志斌，罗锡文，李庆，等．基于良序集和垄行结构的农机视觉导航参数提取算法 [J].农业工程学报，2007, 23(7): 122–126.

[60] 张志斌，罗锡文，周学成，等．基于 Hough 变换和 Fisher 准则的垄线识别算法 [J].中国图像图形学报，2007, 12(12): 2164–2168.

[61] 张志斌，罗锡文，臧英，等．基于颜色特征的绿色作物图像分割算法 [J].农业工程学报，2011, 27(7): 183–189.

[62] 赵颖，陈兵旗，王书茂．基于机器视觉的耕作机器人行走目标直线检测 [J]，农业机械学报，2006, 37(4): 81–86.

[63] 赵颖，王书茂，陈兵旗．基于改进 Hough 变换的公路车道线的快速识别方法 [J].中国农业大学学报，2006, 11(3):1 04–108.

[64] H.Zhang, B.Chen, L.Zhang. Detection Algorithm for Crop Multi-centerlines Based on Machine Vision[J].Transaction of ASABE, 2008, 51(3): 1089–1097.

[65] Zhang Lei, Wang Shumao, Chen Binqi, et al. Crop-edge Detection based on Machine Vision[J].New Zealand Journal of Agricultural Research. 2007, 50(5): 1367–1374.

[66] 张磊，王书茂，陈兵旗，等．基于双目视觉的农田障碍物检测 [J].中国农业大学学报，2007, 12(4): 70–74.

[67] 吴刚，谭彧，郑永军，等．基于改进 Hough 变换的收获机器人行走目标直线检测 [J].农业机械学报，2010, 41(2): 176–179.

[68] 籍颖，刘刚，申巍．基于机器视觉技术获取导航基准线的方法 [J].光学学报，2009, 29(12): 3362–3366.

[69] 张红霞，张铁中．麦田多列目标图像检测算法 [J].中国农业大学学报，2007, 12(2): 62–66.

[70] 丁幼春，王书茂，陈红．基于图像旋转投影的导航路径检测算法 [J].农业机械学报，2009, 40(8): 155–160.

[71] 丁幼春，王书茂，陈红．农用车辆作业环境障碍物检测方法 [J].农业机械学报，2009, 40(增刊): 23–27.

[72] 司永胜，姜国权，刘刚，等 . 基于最小二乘法的早期作物行中心线检测方法 [J]. 农业机械学报，2010, 41(7): 163−167.

[73] 曹倩，王库，李寒 . 基于机器视觉的旱田多目标直线检测方法 [J]. 农业工程学报，2010(Supp.1): 187−191.

[74] 赵瑞娇，李民赞，张漫 . 基于改进 Hough 变换的农田作物行快速检测算法 [J]. 农业机械学报，2009, 40(7): 163−165.

[75] 赵博，毛恩荣，毛文华，等 . 农业车辆杂草环境下视觉导航路径识别方法 [J]. 农业机械学报，2009, 40(增刊): 183−186.

[76] 孙元义，张绍磊，李伟 . 棉田喷药农业机器人的导航路径识别 [J]. 清华大学学报 (自然科学版)，2007, 47(2): 206−209.

[77] 冯娟，刘刚，司永胜，等 . 果园视觉导航基准线生成算法 [J]. 农业机械学报，2012, 43(7): 185−189.

[78] 张成涛，谭彧，吴刚，等 . 基于达芬奇平台的联合收获机视觉导航路径识别 [J]. 农业机械学报，2012, 43（增刊）: 271−276.

[79] 张成涛，谭彧，吴刚，等 . 基于达芬奇技术的收割机视觉导航图像处理算法试验系统 [J]. 农业工程学报，2012, 28(22): 166−173.

[80] 袁挺，任永新，李伟，等 . 基于光照色彩稳定性分析的温室机器人导航信息获取 [J]. 农业机械学报，2012, 43(10): 161−165.

[81] 李茗萱，张漫，孟庆宽，等 . 基于扫描滤波的农机具视觉导航基准线快速检测方法 [J]. 农业工程学报，2013, 29(1): 41−47.

[82] 于国英，毛罕平 . 农业智能车辆视觉导航参数提取的研究 [J]. 农机化研究，2007, 1: 67−169.

[83] 王新忠，韩旭，毛罕平，等 . 基于最小二乘法的温室番茄垄间视觉导航路径检测 [J]. 农业机械学报，2012, 43(6): 161−166.

[84] 张方明 . 田间路径识别算法和基于立体视觉的车辆自动导航方法研究 [D]. 杭州：浙江大学，2006.

[85] Fangming Zhang, Yibin Ying, Qin Zhang. A Robust approach to obtain crop edge based on wavelet filter and fuzzy recognition[J]. Proceeding of ATOE, Japan. 2004.

[86] 杜歆，周围，朱云芳，等 . 基于单目视觉的障碍物检测 [J]. 浙江

大学学报 (工学版)，2008, 42(6): 913–917.

[87] 王荣本，纪寿文，初秀民 . 基于机器视觉的玉米施肥智能机器系统设计概述 [J]. 农业工程学报，2001, 17(2): 151–153.

[88] 王荣本，李兵，徐友春 . 基于视觉的智能车辆自主导航最优控制器设计 [J]. 汽车工程 . 2001, 23(2): 97–100.

[89] 杨为民，李天石，贾鸿社 . 农业机械机器视觉导航研究 [J]. 农业工程学报，2004, 20(1): 160–165.

[90] Tang Jinglei, Jing Xu, He Dongjian, et al. Visual navigation control for agricultural robot using serial BP neural network[J]. Transactions of the CSAE, 2011, 27(2): 194–198.

[91] 唐晶磊 . 喷药机器人杂草识别与导航参数获取方法研究 [D]. 杨凌：西北农林科技大学，2010, 10.

[92] 刘长青 . 基于机器视觉的粮食颗粒检测方法研究 [D]. 北京：中国农业大学，2012, 12.

[93] 闫守成，全厚德，李擎 .Windows 环境下的数字图像采集技术研究 [J]. 微计算机信息，2006, 22(2–1): 252–254.

[94] 盛大力 . 基于 VFW 的视频图像采集系统的设计与实现 [D]. 成都：电子科技大学，2011, 6.

[95] 陆其明 . DirectShow 开发指南 [M]，北京：清华大学出版社，2009.

[96] 左飞，万晋森，刘航 . Visual C++ 数字图像处理开发入门与编程实践 [M]. 北京：电子工业出版社，2008.

[97] 陈发 . 棉花现代生产机械化技术装备 [M]. 乌鲁木齐：新疆科学技术出版社，2008.

[98] M J Swain，D H Ballard，Color indexing[J].International Journal of Compute vision，1991, 7(1): 11–32.

[99] Rafael C. Gonzalez, Richard E. Woods. 数字图像处理 [M]. 阮秋琦，阮宇智，等译 . 北京：电子工业出版社，2003.

[100] 陶霖密，等 . 机器视觉中的颜色问题及应用 [J]. 科学通报，2001, 46 (3): 178–190.

[101] Hetzroni A. Color calibration for RGB video images[J]. ASAE Paper, 1994, 3007: 1–11.

[102] 李景彬 . 棉种色选装置的光电检测系统研究 [D]. 石河子大学，2006.

[103] 大田登（日）. 色彩工学 [M]. 刘中本，译 . 西安 : 西安交通大学出版社，1997.

[104] Ohta Y, Kanade T, Sakai T. Color information for region segmentation[J]. Computing Graphics Image process, 1980, 13: 222–241.

[105] 黄志开 . 彩色图像特征提取与植物分类研究 [D]. 中国科学技术大学，2006.

[106] Cheng H D, Jiang X H, Sun Y, et al. Color imgae segmentation: advances prospects[J]. Pattern Recognition, 2001,34:2259–2281.

[107] Y p Zhang, H Dong, W L ZHou. The Base for Technique of Computer Image Processing[M].Beijing: the Press of Beijing University, 1999.

[108] 王东峰 . 基于广义特征点匹配的全自动图像配准 [J]. 电子与信息学报，2005，27（7）: 1013–1014.

[109] Schmid. C, Mohr. R, Bauckhage.C. Evaluation of Interest Point Detectors[J]. Int. Journal of Computer Vision, 2000, 37(2): 151–172.

[110] 张春美 . 特征点提取及其在图像匹配中的应用研究 [D]. 郑州 : 解放军信息工程大学，2008.

[111] 周平，汪亚明，赵匀 . 基于颜色分量运算与色域压缩的杂草实时检测方法 [J]. 农业机械学报，2007, 38(1): 116–119.

[112] Collins R T, Liu Yanxi. On-line selection of discriminative tracking features[R] . Technical Report, CMU -RI-TR-03-12, the Robotics Institute, Carnegie Mellon University, Pittsburgh PA, 2003.

[113] SUN T. Neuvo Y. Detail-Preserving median based filters in image Processing[J]. Pattern Recognition Letters. 1994, 15(4).

[114] 孙延奎 . 小波变换与图像、图形处理技术 [M]. 北京 : 清华大学

出版社，2012.

[115] P 艾克霍夫 . 系统辨识——参数和状态估计 [M]. 潘科炎，张永光，朱宝琛，等译 . 北京：科学出版社，1980.

[116] 章毓晋 . 图像分割 [M]. 北京：科学出版社，2001.

[117] 陈兵旗，孙明 . 实用数字图像处理与分析 . 北京：中国农业大学出版社，2008.